普通高等教育农业农村部“十四五”规划教材
重庆市高校普通本科重点建设教材

卓越农林人才培养实验实训实习教材

动物遗传学实验

主　编

王　玲　（西南大学）
孙雅望　（西南大学）

副主编

罗宗刚　（西南大学）
陈　伟　（贵州大学）
郭家中　（四川农业大学）

参　编

向　钊　（西南大学）
张龚炜　（西南大学）
黄勇富　（西南大学）
蒋　立　（西南科技大学）
丁显平　（四川大学）
蒋曹德　（西南大学）
付树滨　（西南大学）
刘凌斌　（西南大学）

西南大学出版社
SWUP
国家一级出版社　全国百佳图书出版单位

图书在版编目（CIP）数据

动物遗传学实验 / 王玲，孙雅望主编．— 重庆：
西南师范大学出版社，2020.6（2024.12 重印）
卓越农林人才培养实验实训实习教材
ISBN 978-7-5697-0130-2

Ⅰ．①动… Ⅱ．①王… ②孙… Ⅲ．①动物遗传学－
实验－高等学校－教材 Ⅳ．①Q953-33

中国版本图书馆 CIP 数据核字(2020)第 080980 号

动物遗传学实验

主编　王　玲　孙雅望

责任编辑：杨光明
责任校对：胡君梅
装帧设计：观止堂_朱　璇
排　　版：瞿 勤
出版发行：西南大学出版社（原西南师范大学出版社）
印　　刷：重庆市正前方彩色印刷有限公司
成品尺寸：195 mm×255 mm
印　　张：15.75
字　　数：310 千字
版　　次：2020 年 6 月 第 1 版
印　　次：2024 年 12 月 第 2 次印刷
书　　号：ISBN 978-7-5697-0130-2

定　　价：48.00 元

总序

TOTAL PREFACE

2014 年 9 月，教育部、农业部（现农业农村部）、国家林业局（现国家林业和草原局）批准西南大学动物科学专业、动物医学专业、动物药学专业本科人才培养为国家第一批卓越农林人才教育培养计划专业。学校与其他卓越农林人才培养高校广泛开展合作，积极探索卓越农林人才培养的模式、实训实践等教育教学改革，加强国家卓越农林人才培养校内实践基地建设，不断探索校企、校地协调育人机制的建立，开展全国专业实践技能大赛等，在卓越农业人才培养方面取得了巨大的成绩。西南大学水产养殖学专业、水族科学与技术专业同步与国家卓越农林人才教育培养计划专业开展了人才培养模式改革等教育教学探索与实践。2018 年 10 月，教育部、农业农村部、国家林业和草原局发布的《关于加强农科教结合实施卓越农林人才教育培养计划 2.0 的意见》（简称《意见 2.0》）明确提出，经过 5 年的努力，全面建立多层次、多类型、多样化的中国特色高等农林教育人才培养体系，提出了农林人才培养要开发优质课程资源，注重体现学科交叉融合、体现现代生物科技课程建设新要求，及时用农林业发展的新理论、新知识、新技术更新教学内容。

为适应新时代卓越农林人才教育培养的教学需求，促进“新农科”建设和“双万计划”顺利推进，进一步强化本科理论知识与实践技能培养，西南大学联合相关高校，在总结卓越农林人才培养改革与实践的经验基础之上，结合教育部《普通高等学校本科专业类教学质量国家标准》以及教育部、财政部、国家发展改革委《关于高等学校加快“双一流”建设的指导意见》等文件精神，决定推出一套“卓越农林人才培养实验实训实习教材”。本套教材包含动物科学、动物医学、动物药学、中兽医学、水产养殖学、水族科学与技术等本科专业的学科基础课程、专业发展课程和实践等教学环节的实验实训实习内容，适合作为动物科学、动物医学和水产养殖学及相关专业的教学用书，也可作为教学辅助材料。

本套教材面向全国各类高校的畜牧、兽医、水产及相关专业的实践教学环节，具有较广泛的适用性。归纳起来，这套教材有以下特点：

1. 准确定位，面向卓越 本套教材的深度与广度力求符合动物科学、动物医学和水产养殖学及相关专业国家人才培养标准的要求和卓越农林人才培养的需要，紧扣教学活动与知识结构，对人才培养体系、课程体系进行充分调研与论证，及时用现代农林业发展的新理论、新知识、新技术更新教学内容以培养卓越农林人才。

2. 夯实基础，切合实际 本套教材遵循卓越农林人才培养的理念和要求，注重夯实基础理论、基本知识、基本思维、基本技能；科学规划、优化学科品类，力求考虑学科的差异与融合，注重各学科间的有机衔接，切合教学实际。

3. 创新形式，案例引导 本套教材引入案例教学，以提高学生的学习兴趣和教学效果；与创新创业、行业生产实际紧密结合，增强学生运用所学知识与技能的能力，适应农业创新发展的特点。

4. 注重实践，衔接实训 本套教材注意厘清教学各环节，循序渐进，注重指导学生开展现场实训。

"授人以鱼，不如授人以渔。"本套教材尽可能地介绍各个实验（实训、实习）的目的要求、原理和背景、操作关键点、结果误差来源、生产实践应用范围等，通过对知识的迁移延伸、操作方法比较、案例分析等，培养学生的创新意识与探索精神。本套教材是目前国内出版的第一套落实《意见 2.0》的实验实训实习教材，以期能对我国农林的人才培养和行业发展起到一定的借鉴引领作用。

以上是我们编写这套教材的初衷和理念，把它们写在这里，主要是为了自勉，并不表明这些我们已经全部做好了、做到位了。我们更希望使用这套教材的师生和其他读者多提宝贵意见，使教材得以不断完善。

本套教材的出版，也凝聚了西南大学和西南师范大学出版社相关领导的大量心血和支持，在此向他们表示衷心的感谢！

总编委会

2019 年 6 月

前言
PREFACE

动物遗传学是动物科学专业的一门重要的专业基础课程，也是21世纪生命科学领域发展最为迅速的前沿学科之一，是当代生命科学的核心。随着现代遗传工程技术的发展和应用，动物遗传学的理论和技术不仅贯通于生命科学的各个领域，而且应用于社会生产和生活的各个层面，与人类生存和健康关系极为紧密。

动物遗传学实验是动物遗传学教学的重要组成部分，是学生掌握动物遗传学原理、方法和技能的关键环节，也是培养和提高学生实践动手能力、综合知识应用能力、分析解决问题能力及科研思维和创新能力的重要途径。本教材在吸取了其他高等院校动物遗传学实验教学宝贵经验的基础上，基于教师们多年理论与实验教学、科研实践经验并借鉴了国内外相关教程和文献资料编写而成。

根据动物遗传学实验教学内容和要求，同时考虑到国内其他院校的实验教学条件，本教材涵盖了经典遗传学、细胞遗传学、群体与数量遗传学、分子遗传学领域相关的实验。尤其是随着现代分子遗传学理论的不断发展，新的实验技术不断涌现，本教材在此部分设置了从DNA、RNA到蛋白质等不同水平的实验技术，各学校可根据教学内容和实验条件的实际情况选择书中的实验项目。

本书是西南大学"十三五"规划教材，也是"动物科学国家级实验教学示范中心"和"卓越农林人才教育培养计划"规划教材中的一本实验教材。本教材力求理论和实践相结合，旨在为读者提供一本动物遗传学实验技术指南。本书不仅适用于动物科学专业、畜牧兽医专业，也适用于医学类及其他农学类相关专业的遗传学课程的实验教学，还可供生命科学相关专业的科研技术人员参考。

本书虽经再三斟酌与审校，但由于时间仓促，加之编者水平有限，书中错误和疏漏之处在所难免，恳请专家、读者批评指正。

编者

2020年3月

目录 CONTENTS

第一部分

概　述

自1900年遗传学诞生以来，发现了大量的遗传学现象和规律，尤其是进入21世纪以来，随着人类基因组计划及动物基因组计划的相继实施和完成，遗传学得到了飞跃式的发展，并对其他生物学领域产生了巨大的影响。动物遗传学是农业院校动物科学专业的重要专业基础课，它系统阐述遗传学的基本原理和遗传分析的基本方法和理论，包括遗传的物质基础、遗传的基本定律及其扩展、非孟德尔遗传、遗传信息的传递与改变、群体遗传学基础、数量遗传学基础、表观遗传学、动物基因组学、动物基因工程等内容。作为遗传学的一个重要分支，动物遗传学主要研究动物遗传物质的组成、遗传信息的传递和表达规律，它是动物育种学的理论基础，与动物性状的遗传改良和人类生活密切相关，为畜禽的良种繁育提供了理论依据。

动物遗传学实验课程是配合动物遗传学理论教学而设置的一门专业实验课程，它是学生理解和掌握遗传的基本理论和相关实验技术的重要途径，是培养学生掌握科学方法和提高动手能力的重要平台。动物遗传学实验与理论课程紧密结合，二者相辅相成，互相促进。动物遗传学实验主要包括经典遗传学实验、细胞遗传学实验、群体与数量遗传学实验、分子遗传学实验等内容。随着遗传学理论和技术的迅速发展，对动物遗传学的实验教学提出了更高、更新的要求。

开展动物遗传学实验需要使用玻璃器皿、金属器皿、橡胶制品、塑料等器具及电热恒温培养箱、电热干燥箱、离心机、移液器、显微镜等仪器，不同材质的器皿需要使用不同的清洗、消毒和灭菌方法，掌握常用器皿的清洗消毒方法和仪器的使用方法是保证实验项目能顺利实施的前提条件和重要环节，也为开展生命科学相关研究奠定了基础，这是在动物遗传学实验中必须具备的一项基本技能。

经典遗传学实验包括果蝇的饲养及性状观察、果蝇的单因子杂交实验、果蝇的双因子杂交实验、果蝇的伴性遗传实验、果蝇连锁遗传的三点测验等内容，它以模式生物——果蝇作为实验材料，果蝇的饲养及性状观察是开展果蝇杂交实验的基础，了解果蝇的生活史和各个阶段的形态特征，通过单因子杂交实验、双因子杂交实验、三点测验等实验项目来验证遗传学中的分离定律、自由组合定律、连锁与互换定律，加深对一对等位基因、两对非等位基因间及基因连锁互换的遗传定律的原理和本质的理解，有目的地组合两个亲本的性状，预测杂交后代的类型和频率。

细胞遗传学实验包括染色体标本的制备与观察、人类巴氏小体的观察、染色体G带显色技术及染色体核型分析等内容。染色体是遗传物质的载体，每一物种的染色体具有特定的形态特征并保持其数目的相对恒定。通过培养或收集细胞、固定、滴片、染色等步骤制备染色体标本，在显微镜下观察染色体的数目、大小、着丝粒的位置、次缢痕、随体等特征，分析染色体的核型，了解染色体结构和数目的变异情况。

群体与数量遗传学实验包括家禽的伴性遗传，群体遗传平衡分析及基因与基因型频率的计算，遗传力、重复力和遗传相关的估算。根据家禽的性染色体特征和伴性遗传规律，利用快慢羽、金银羽色、芦花和非芦花等伴性性状品系家禽杂交，其产生的后代可在雏禽出壳后实现自别雌雄。群体内基因或基因型种类和频率是描述群体遗传结构的重要参数，通过遗传统计分析，了解相关遗传性状的基因与基因型频率的分布特征以及在不同群体中是否存在差异。遗传力、遗传相关和重复力是定量描述数量性状遗传规律的三个最基本的遗传参数，遗传参数估计可归结为方差或协方差组分的估计。遗传力可以利用亲子资料、全同胞和半同胞资料间的表型变异的方法来估计；重复力用来衡量一个数量性状在同一个体多次度量值之间的相关程度，利用组内相关系数来计算；遗传相关描述不同性状间由于各种遗传原因造成的相关程度的大小，通常利用亲子关系和半同胞关系来进行估计，分析群体的遗传结构和遗传参数可以预测数量性状变异的遗传动态，为动物育种提供参考。

分子遗传学着重研究遗传信息大分子在生命系统中的储存、复制、表达及调控过程。在21世纪，逆转录酶和一些工具酶的发现、DNA测序方法的建立、基因的上游调控序列的发现、显微注射技术的运用、基因重组技术及表观遗传学技术的发展，使分子遗传学进入了一个崭新的阶段。分子遗传学实验包括动物组织基因组DNA提取，琼脂糖凝胶电泳检测DNA，RNA提取与鉴定，聚合酶链式反应，cDNA的合成及实时荧光定量PCR、大肠杆菌感受态细胞的制备，重组质粒的连接、转化及筛选，质粒DNA的提取、纯化及鉴定，动物组织或细胞蛋白质的提取与浓度测定，SDS-聚丙烯酰胺凝胶电泳，蛋白免疫印迹技术。酚/氯仿/异戊醇是从动物组织或细胞中提取基因组DNA的常用试剂，利用Trizol法裂解细胞，可使RNA从细胞中释放出来。根据核酸分子在琼脂糖凝胶中电泳时受到的电荷效应和分子筛效应，能够对提取出的DNA和RNA质量进行分析。PCR是在体外快速扩增DNA的过程，RNA通过反转录试剂盒合成cDNA，以cDNA或DNA为模板进行PCR或实时荧光定量PCR。PCR产物与重组质粒的连接、转化、筛选以及质粒DNA的提取、纯化、鉴定相结合，为研究基因的功能奠定了基础。蛋白质的提取一般包括组织或细胞的预处理、细胞的破碎和裂解、离心收集等步骤，通常采用BCA方法进行蛋白质的浓度检测，采用SDS-PAGE和蛋白免疫印迹技术分析蛋白质的表达水平。分子遗传学实验能够从DNA水平、RNA水平及蛋白质水平对基因的功能进行研究。

通过动物遗传学实验知识点的讲授和实验项目的开设，可使动物科学及相关专业学生掌握扎实的专业基础知识、原理、方法和基本技能，能够运用所学专业理论知识和技能分析并解决动物科学专业领域问题；具有团队协作意识和沟通交流能力，能够在团队合作中发挥积极作用；具有审辨思维能力，能够从多视角发现、辨析本专业及相关领域的问题，提出建设性的建议和措施；具备获取知识和自主学习的能力，提高科研素质及创新能力，能够进一步学习深造和从事科学研究，实现个人的可持续发展。

第二部分

实验室常用器皿的清洗消毒与仪器使用

一、实验室常用器皿的清洗与消毒

开展动物遗传学实验需要大量消耗性物品，如玻璃器皿、金属器皿、橡胶制品、塑料等。因此，掌握各种器皿的清洗、消毒方法是完成动物遗传学实验必需的技能。

（一）器皿的清洗

新的或重新使用的器皿都必须经过认真清洗，达到不含任何残留物的要求再使用。尤其是用于细胞或细菌培养的器皿，若有害物质直接与细胞或细菌接触，极少残留物都可能对细胞或细菌产生毒副作用。

1.玻璃器皿的清洗

玻璃器皿的清洗一般经过浸泡、刷洗、浸酸和冲洗四个步骤。

（1）浸泡

新的或使用过的玻璃器皿要先用清水浸泡，软化和溶解附着的物质。新玻璃器皿使用前应先用自来水简单冲洗，然后用2%盐酸浸泡过夜；使用过的玻璃器皿往往附有大量蛋白质和油脂，干燥后不易刷洗掉，故使用后应立即浸入清水中浸泡。

（2）刷洗

将浸泡后的玻璃器皿放入含有洗衣粉或去污粉等洗涤剂的水中，用软毛刷反复刷洗，不要留死角，同时避免破坏器皿表面的光洁度，将刷洗干净的玻璃器皿洗净、晾干，准备浸酸。

（3）浸酸

浸酸是将上述器皿浸泡到重铬酸钾洗涤液（又称酸液）中，通过酸液的强氧化作用清除器皿表面可能残留的物质。重铬酸钾洗涤液的配制方法如下：在天平上称取研细的重铬酸钾5 g置于250 mL烧杯内，加水10 mL，加热使其溶解，冷却后，再缓慢加入80 mL浓硫酸（应注意添加顺序，切不可将水加入浓硫酸中），边加边搅拌，配好的重铬酸钾洗涤液应为深褐色。操作时应注意：重铬酸钾洗涤液为强氧化剂，腐蚀性强，易烫伤皮肤，烧坏衣服，使用重铬酸钾洗涤液时应特别小心；而且铬有毒，使用时应注意安全，洗涤移液管时不能用口吸，只能用洗耳球将酸液吸入管中。使用酸液前，必须先将器皿用自来水和毛刷洗刷，倾尽器皿内的水，以免酸液被水稀释后降低洗涤效率；浸酸时间不应少于6 h，一般过夜或更长；若酸液变为绿色，表明已失去去污力，要倒入废液缸内，妥善处理，绝不能乱倒入下水道。

（4）冲洗

刷洗和浸酸后的器皿都必须用水充分冲洗，浸酸后器皿冲洗得是否干净直接影响到细胞培养的成败。手工洗涤浸酸后的器皿，每件器皿至少要反复“注水、倒空”15次以上，最后用蒸馏水浸洗2~3次，晾干或烘干后包装备用。玻璃器皿经洗涤后，若内壁的水均匀分布成一薄层，表示油垢完全洗净，若挂有水珠，则还需用洗涤液浸泡数小时，再用自来水充分冲洗。

2. 橡胶制品的清洗

橡胶制品先用自来水冲洗干净后，在2%氢氧化钠溶液中煮沸10~20 min，用自来水冲洗，再在1%稀盐酸中煮沸15 min（或浸泡30 min），然后再用自来水冲洗，蒸馏水清洗2~3次，50 ℃烘干备用。

3. 塑料器皿的清洗

新购买的塑料器皿以及使用后的塑料器皿应立即用清水清洗，浸于自来水中过夜，用纱布和50 ℃清洗液刷洗后用自来水冲洗，晾干，于清洁液中浸泡15 min，自来水冲洗15~20次，蒸馏水浸洗2~3次，晾干备用。

（二）器皿的消毒和灭菌

在动物遗传学实验中，消毒灭菌方法很多，但每种方法都有一定的适用范围。如常用过滤除菌系统、紫外照射、甲醛熏蒸等手段对实验室空气进行消毒；常用新洁尔灭对实验室地面进行消毒；常用干热、高压蒸汽、紫外照射等方法对各种器皿进行消毒。

1. 物理消毒法

（1）紫外线消毒

紫外线是一种低能量的电磁辐射，可杀死多种微生物，其中革兰氏阴性菌最为敏感，其次是革兰氏阳性菌，再次为芽孢，真菌孢子的抵抗力最强。紫外线的直接作用是通过破坏微生物的核酸及蛋白质而使其失去活性，间接作用是通过紫外线照射产生的臭氧杀死微生物。紫外线直接照射细胞培养室进行消毒，用法简单，效果好。

紫外灯的消毒效果与其辐射强度和照射剂量呈正相关，辐射强度随灯与被照射物的距离增加而降低，照射剂量和照射时间呈正相关。因此，紫外灯与被照射物的距离和照射时间要适合。离地面2 m的30 W灯可照射9 m^2房间，每天照射2~3 h，其间可间隔30 min。灯管离地面2 m以上要延长照射时间，2.5 m照射效果较差。紫外灯照射工作台的距离不应超过1.5 m，照射时间30 min为宜。紫外灯不仅对实验人员的皮肤、眼睛有伤害，且对培养细胞的试剂等也会产生不良影响，因此，不要开着紫外灯进行实验操作。

（2）高温湿热灭菌

高压蒸汽灭菌是一种最常用的高温湿热灭菌方法。对生物材料有良好的穿透力，能造成蛋白质变性凝固而使微生物死亡。玻璃器皿、金属器皿、塑料制品和某些试剂都可以用这种方法灭菌。不同压力蒸汽所达到的温度不同，因此，要根据消毒物品的种类选择适宜的灭菌压力和时间。从压力蒸汽消毒器中取出消毒好的物品（不包括液体），应立即放到60~70 ℃干燥箱内烘干，再贮存备用，否则，潮湿的包装物品表面容易被微生物污染。煮沸消毒也是常用的湿热消毒方法，它具有条件简单、使用方便等特点。

（3）高温干热灭菌

干热灭菌是将电热干燥箱内物品加热到160 ℃以上，并保持90~120 min，杀死细菌和芽孢，达到灭菌目的。主要用于对玻璃器皿（如体积较大的烧杯、培养瓶）、金属器皿以及不能与蒸汽接触的物品进行灭菌。干热灭菌结束后要关闭电源并使物品逐渐冷却后再打开，切忌立即打开，以免温度骤变而使箱内的玻璃器皿破裂。电热干燥箱内物品间要有空隙，物品不要靠近加热装置。烧灼也是灭菌方法之一，常利用超净工作台内的酒精灯的火焰对金属器皿及玻璃器皿口边缘进行烧灼消毒。

（4）过滤除菌

过滤除菌法是将液体或气体用微孔薄膜过滤，使大于孔径的细菌等微生物颗粒阻留，从而达到除菌目的。主要用于血清、毒素、抗生素等不耐热生物制品及空气的除菌。常用的滤菌器有0.45 μm和0.22 μm孔径的薄膜滤器。

2.化学消毒法

（1）新洁尔灭消毒

新洁尔灭是最常用的表面活性剂之一，其有效成分为苯扎溴铵，浓度一般为5%，具有洁净、杀菌消毒等作用。0.1%新洁尔灭溶液可用于皮肤消毒，也可用于对器械、操作表面进行擦拭和浸泡消毒。

（2）高锰酸钾甲醛熏蒸消毒

按照甲醛（浓度为40%）10 mL/m^3、高锰酸钾5 g/m^3计算用量。由于高锰酸钾和甲醛都具有腐蚀性，且混合后反应剧烈，释放热量，所以要求盛药容器要大、耐热、耐腐蚀，一般用陶瓷或玻璃容器。先将温水倒入容器内，然后加入高锰酸钾，搅拌均匀，再加入甲醛。加入甲醛后操作人员应立即离开，密闭房间，消毒时间一般为20~30 min，消毒后要打开门窗通风换气。

二、实验室常用仪器的使用

(一)电热恒温培养箱

电热恒温培养箱简称温箱,主要由箱体、电热丝、温度调节器等构成。电热恒温培养箱主要用于细菌的培养等。

图2-1　电热恒温培养箱

1.电热恒温培养箱的使用方法

(1)插上电热恒温培养箱的电源插头,开启电源开关,绿色指示灯明亮,表明电源接通。

(2)按SET键,此时PV屏显示"SP"字符,SV屏位显示高亮,其他位闪烁,然后用左键选取SV屏显示的高亮位的具体位,按下键↓或上键↑改变原SV屏显示的温度值,直至需要值为止;再按SET键一次,PV屏显示"ST"字符,若不使用定时功能,则再按SET键一次,使PV屏显示测量温度,SV屏显示设定温度即可。

(3)设定结束后,此时培养箱进入升温状态,加热指示灯亮。当箱内温度接近设定温度时,加热指示灯忽亮忽熄,反复多次。一般情况下,加热90 min后温度控制进入恒温状态。

(4)打开培养箱内、外门,把所需培养的物品放入培养箱内,关好玻璃内门,观察风机运转及工作室内状况,正常后关上箱门。

(5)培养结束后,把电源开关拨至"0"(如不马上取出物品,请不要打开箱门)。取出物品后,用布擦干工作室,保持培养箱内外整洁。

2.电热恒温培养箱使用的注意事项

(1)培养物放置在箱内不宜过挤,应使空气流动畅通,保持箱内受热均匀,箱内底板靠近电热器，故不宜放置培养物。

（2）在物品培养期间，除放、取箱内物品外，尽量不要打开玻璃内门，尤其不要长时间打开内门，以免影响箱内温度。

（3）当电热恒温培养箱内放入贵重菌种和培养物时，应勤观察，若发生异常情况立即切断电源，避免发生意外或不必要的损失。

（二）电热干燥箱

电热干燥箱又称干热灭菌箱，其构造和使用方法与恒温箱相似。电热干燥箱的使用温度一般为50~300 ℃，主要用于玻璃器皿和金属制品的干燥和干热灭菌。干热灭菌条件一般为160 ℃持续2 h。

1. 电热干燥箱的使用方法

（1）开机。接通电源后可开启电源加热开关及风机开关。此时电源指示灯亮，控温仪经过自检后，PV屏应显示工作室内测量温度，SV屏应显示设定温度，此时干燥箱即进入工作状态。

（2）设定所需温度。按SET键，此时PV屏显示“SP”，用屏↑键或↓键改变原SV屏显示的温度值，直至达到需要值为止。设置完毕后，按SET键，PV屏显示“ST”（进入定时功能）。若不使用定时功能则再按一下SET键，使PV屏显示测量温度，SV屏显示设定温度即可（注意：不使用定时功能时，必须使PV屏显示的“ST”为零，即ST=0）。此时箱内开始升温，仪表加热指示灯亮，温度升到所需工作温度时加热指示灯灭，在此指示灯交替明灭即为恒温点（在恒温点时很可能温度继续上升，此乃余热影响，约30 min后即会稳定）。

（3）定时。若使用定时功能，则当PV屏显示“ST”时，SV屏显示“0”，用↑键设定所需时间（min）。设置完毕，按SET键，使干燥箱进入工作状态即可。

（4）控温检查。第一次开机或使用一段时间或当季节（环境湿度）变化时，必须复核工作室内测量温度和实际温度之间的误差，即控温精度。

（5）风门调节。根据干燥物品的潮湿情况，把风门调节旋钮旋到合适位置，一般旋至“Z”处（最低档）；若物品比较潮湿，将调节旋钮调节至“三”处（最高档），风门的调节范围约60°角。

（6）样品放置。把需干燥处理或干热灭菌的物品放入干燥箱内，上下四周应留存一定空间，保持工作室内气流畅通，关闭箱门。

（7）关机。干燥结束后，如需更换干燥物品，则在开箱门更换前先将风机开关关掉，以防干燥物品被吹落（注意：取出干燥物时，千万小心烫伤）。更换完干燥物品后，关好箱门，再打开风机开关，使干燥箱再次进入干燥过程。如不立刻取出物品，应先将风门调节旋钮旋转至“Z”处，再关闭电源开关，以保持箱内干燥。如不再继续干燥物品，则将风门调节旋钮旋至“三”处，关闭电源开关，待箱内冷却至室温后，取出箱内干燥物品。

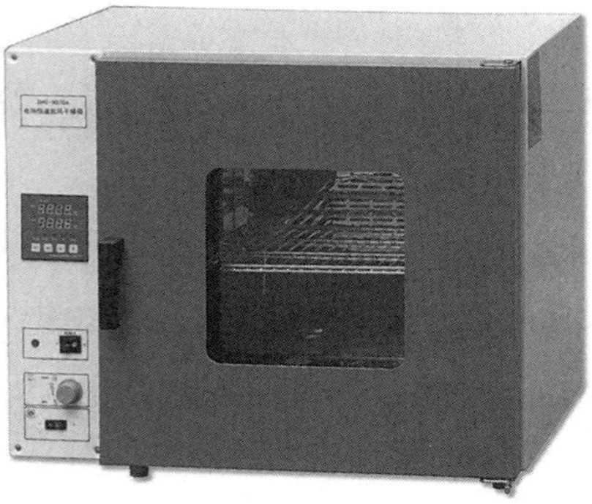

图2-2　电热恒温干燥箱

2. 电热干燥箱使用的注意事项

（1）若要观察箱内工作情况，可开启箱门进行观察，但不宜经常开启箱门，以免影响恒温，并且当温度升到300 ℃时，开启箱门可能会使玻璃门急骤冷却而破裂。

（2）烘干或灭菌过程中如遇温度突然升高、箱内冒烟，应立即切断电热干燥箱的电源，并且不要打开干燥箱，箱门四周用湿毛巾堵塞，隔绝氧气，火则自熄。

（3）灭菌后箱内温度降至60 ℃以下时，再开启箱门取出物品。

（三）高压蒸汽灭菌锅

高压蒸汽灭菌锅是应用最广、效率最高的灭菌设备，有手提式、横卧式、立式三种（图2-3），其构造和工作原理基本相同。高压蒸汽灭菌锅为一锅炉状的双层金属圆筒，两层之间盛水，外层坚固厚实，其上方有金属厚盖。高压蒸汽灭菌锅上装有排气阀、安全阀、压力表，以调节蒸汽压力。灭菌锅内装有带孔的金属搁板或金属筐，用以放置要灭菌的物品。

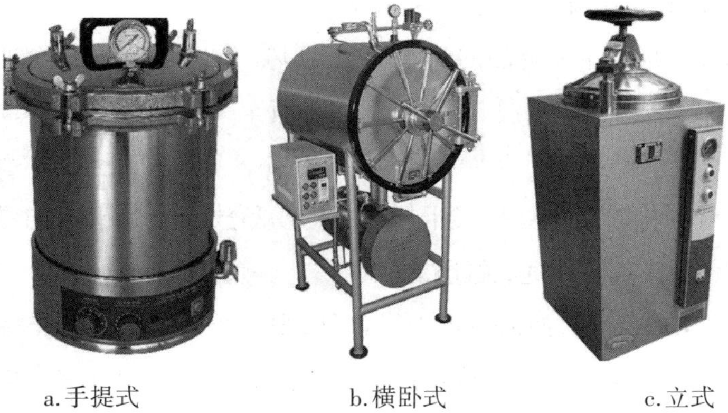

a. 手提式　　b. 横卧式　　c. 立式

图2-3　高压蒸汽灭菌锅

1. 高压蒸汽灭菌锅的使用方法

（1）加适量蒸馏水于灭菌锅内，使水面略低于金属搁板或金属筐下筐底部，将灭菌物品包扎好放入灭菌锅金属搁板或金属筐内。

（2）盖上灭菌锅盖，将高压蒸汽灭菌锅的放气软管插入消毒内筒的管架中，对称拧紧灭菌锅盖。

（3）检查安全阀、排气阀，并使安全阀关闭、排气阀打开。

（4）通电后，待水蒸气从排气阀均匀冒出时，表示锅内冷空气已排尽，然后关闭排气阀继续加热，待灭菌器内压力升至约0.1 MPa（121 ℃），开始计时，维持20~30 min。在使用全自动高压蒸汽灭菌锅时先打开电源，设定好灭菌温度和时间，按开始键即可进行高压蒸汽灭菌。

（5）灭菌完毕，停止加热，待压力表指针自动降至零后，打开放气阀，按对称方式打开锅盖，取出物品。

2. 使用高压蒸汽灭菌锅的注意事项

（1）使用前检查锅内蒸馏水量是否充足，水位是否合适。

（2）内筒中的灭菌物品之间一定要有空隙，不可堆压过紧，以免妨碍蒸汽流通，影响灭菌效果。

（3）检查顶盖是否已经盖紧，安全阀是否已关闭，排气管是否浸在水面以下。

（4）为了达到彻底灭菌的目的，灭菌时间和压力必须准确可靠，操作人员不能擅自离开。

（5）在高压灭菌密封液体时，如果压力骤降，可能造成物品内外压力不平衡而炸裂或液体喷出，灭菌时要注意安全。

（四）离心机

离心机是根据物质的沉降系数、质量、密度等的不同，应用强大的离心力分离液体与固体颗粒或液体与液体的混合物中各组分。离心技术是分离纯化细胞、蛋白质、核酸等最方便最有效的工具。离心机的离心力（F，N）大小取决于离心转子的角速度（ω，弧度/s）、物质颗粒距旋转轴的距离（r，cm）及颗粒质量（m，kg），它们的关系是：$F=m\omega^2r$.

离心机的转速表示离心机每分钟的转数（转/分钟，r/min）。离心机的离心力F常用“重力加速度g的倍数”来表示，这个倍数称为相对离心力RCF。离心机的转速（r/min）和相对离心力（g）之间的换算公式为：$RCF=1.119\times10^{-5}\times N^2\times R$，其中$N$表示转速，单位为r/min；$R$表示旋转半径，单位为cm。

1.离心机的分类

离心机根据转速的大小,可分为低速离心机、高速离心机和超高速离心机;根据对温度的要求可分为普通离心机和冷冻离心机;根据转子的不同,分为水平转子离心机和角转子离心机;根据离心机体积的大小,分为落地式离心机、台式离心机、掌上离心机等。

2.离心机的使用方法

(1)接通电源,打开机器开关,等待机器自检完毕。

(2)按open键或离心机开盖键,打开离心机盖。

(3)根据需要选择合适的转子和离心管,并将转子套在旋转轴上,用螺丝刀旋转转子上的螺母,将转子固定。

(4)将等质量的样品装入离心管后,对称放入转子中,先将转子的盖子旋紧,然后盖上离心机盖。若样品需要低温离心,待离心机腔内温度达到设定要求时再将平衡好的样品对称放置于转子的样品架上,关闭机盖。

注意:为了防止分离物质的凝集、变性和失活,必须控制好离心温度。在超速或高速离心时,转子高速旋转会发热从而引起温度升高,故必须采用冷冻系统,使温度保持在一定范围内。例如分离核酸和蛋白质等需要低温条件,离心温度一般控制在4 ℃左右;分离血清、细胞等物质,通常在室温条件下利用普通离心机进行离心。低温离心时,需要提前将冷冻离心机预冷降温至4 ℃。

图2-4 离心机的设置面板

(5)调节定时旋钮设定离心时间,缓慢调节转速调节旋钮,设定转速,开始运行。

注意:根据所分离物质的特性并结合相关经验,选择恰当的离心速度和离心时间。过低的条件达不到分离效果,过高的条件则会使物质有所损失。离心速度的设置可分为两种形式:第一种是通过转速(rpm)进行设置;第二种是通过相对离心力RCF(×g)对速度进行设置,两种离心速度之间可以相互转换,根据实验需要调节转速。离心时间依据离心方法的不同而有所差别,颗粒从离心样品液面完全沉降到离心管底部所需的时间取决于颗粒沉降速度和沉降距离，可通过实验进行确定。

(6)待离心机完全停止转动时，打开机盖，小心取出离心样品，切勿晃动。

(7)如不再使用该离心机，将转速调节旋钮调回零位，关闭电源开关。冷冻离心机需用柔软干净的布擦拭转头和机腔内壁，待离心机腔内温度与室温平衡后方可盖上机盖。

3.离心机使用的注意事项

(1)为了确保安全和离心效果，离心机必须放置在坚固水平的台面上，调平螺杆调节使离心机与地面接触且均匀受力，以免产生震动。

(2)离心机在运转时，不得移动离心机，离心机盖上不得放置任何物品。

(3)离心机在预冷状态时，离心机盖必须关闭，离心结束后取出转子倒置于实验台上。

(4)离心管中的样品要装载平衡，至少要两两对称平衡放置。离心转速越高，对平衡的要求也越高，若样品质量差异过大，运转时有杂音或者离心机震动，立即停止使用，进行检查。

(5)在离心过程中，操作人员不得离开离心机室，一旦发生异常情况，操作人员不能直接关闭电源，要按STOP键。

(五)移液器

微量加样器(移液器)最早出现于1956年，由德国生理化学研究所的科学家Schnitger发明，其后在1958年德国Eppendorf公司开始生产按钮式微量加样器，成为世界上第一家生产微量加样器的公司。目前，这些微量加样器的吸液范围为0.1 μL~10 mL，可以定量转移液体，被广泛应用在化学、生命科学等领域。

1.移液器的种类

移液器按照操作动力方式分为手动移液器(图2-5、图2-6)和电动移液器(图2-7)；按照孔道数量分为单道移液器和多道移液器(图2-7)；按照排液方式分为空气排代式和活塞排代式。

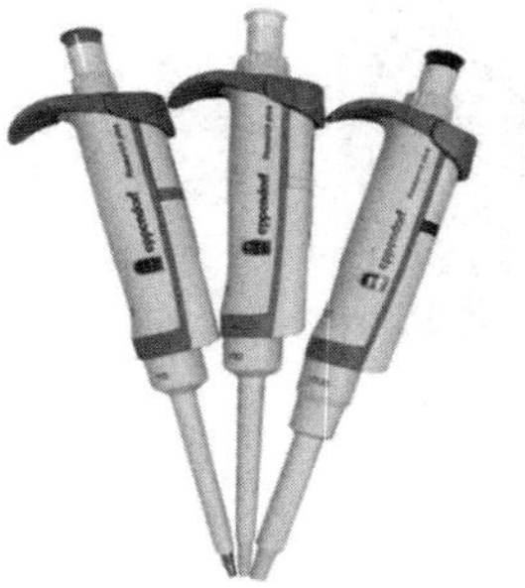

图2-5　单道手动移液器

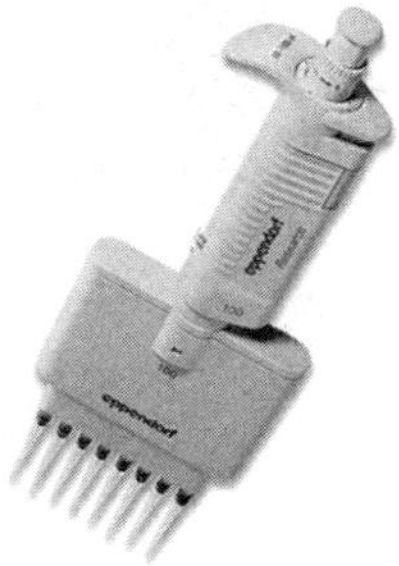

图2-6　多道手动移液器

图 2-7　电动移液器

目前，常用的进口移液器品牌包括德国艾本德（Eppendorf）、法国吉尔森（Gilson）、美国赛默飞（Thermo Fisher）、芬兰百得（Biohit）、德国普兰德（Brand）。常用的国产移液器品牌有大龙、金花、荣泰等。常用的量程包括 0.1~2.5 μL、0.5~10 μL、10~100 μL、2~20 μL、20~200 μL、100~1 000 μL、0.5~5 mL、1~10 mL。

2. 移液器的使用方法

一个完整的移液循环，包括容量设定—吸头安装—预洗吸头—吸液—放液—卸去吸头六个步骤，每一个步骤严格遵循操作规范。

(1)设定移液体积。

旋转移液器上端旋钮进行体积调节。1 000 μL 以下量程的移液器以 μL 为单位显示体积，5 mL 和 10 mL 量程的移液器体积以 mL 为单位显示体积。移液器一般在 10%~100% 量程范围内可以操作，最佳的量程为 35%~100%，这样能保证移液的准确性和精度。在调节移液器的量程时，如果要从大体积调为小体积，则按照正常的调节方法，顺时针旋转旋钮即可；但如果要从小体积调为大体积时，则可先逆时针旋转刻度旋钮至超过量程的刻度，再回调至设定体积，这样可以保证量取的最高精确度（图 2-8）。在该过程中，不要将旋钮旋出量程，否则会卡住内部机械装置而损坏移液器。

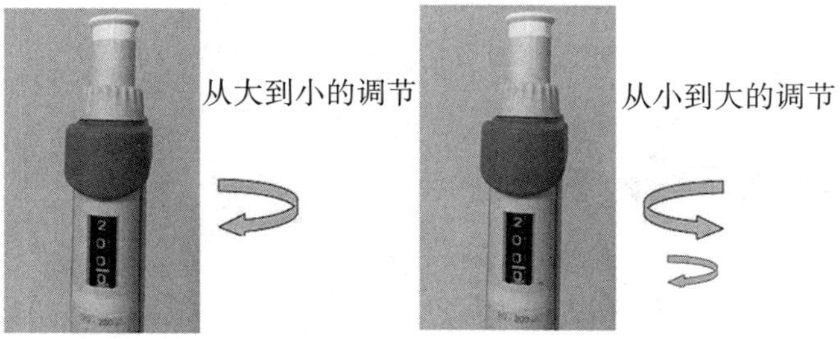

图 2-8　设定移液体积

(2)装配吸头。

选择与移液器量程配套的吸头，对于单道移液器，将移液器垂直插入吸头，稍微用力左右微微转动即可使其紧密结合。如果是多道(如8道或12道)移液器,将移液器的第一道对准第一个吸头,然后倾斜插入,往前后方向稍微摇动即可卡紧(图2-9)。吸头卡紧的标志是略微超过O形环,并可以看到连接部分形成清晰的密封圈。切记用力不能过猛,更不能采取反复撞击吸头的方法来进行安装,否则会对移液器造成损伤。长期这样操作会使移液器的零件因撞击而松散,严重者会导致调节刻度的旋钮卡住,从而损坏移液器。

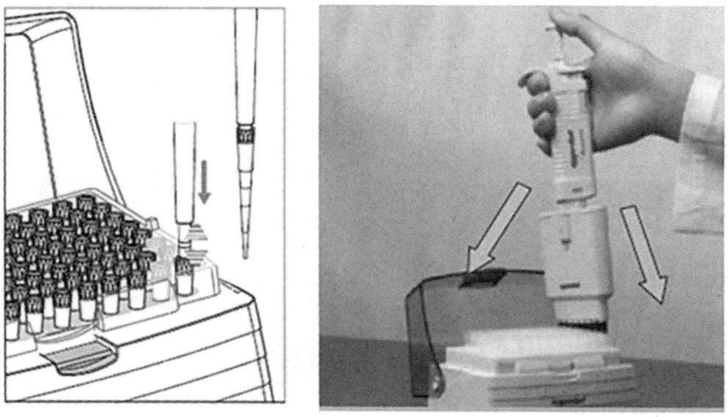

图2-9　移液器装配吸头

(3)移液的方法。

移液之前,要保证移液器、吸头和液体处于相同温度。吸取液体时,移液器保持竖直状态,按到第一档,将吸头插入液面2~3 mm以下。为了达到最高的精确度和准确性,建议在吸液之前,每个新的吸头首先通过2~3次的吸液和放液进行湿润,然后再进行移液(尤其是要吸取黏稠或密度与水不同的液体时)。可以采取以下两种移液方法。

一是前进移液法(图2-10)。用大拇指将按钮按下至第一档,然后缓慢松开按钮回到原位,将吸头慢慢移出液面,慢慢擦拭紧贴管壁的吸头外壁,确保吸头外壁无残留液体。将吸头贴到容器内壁保持20°~40°倾斜,平稳地将按钮按至第一档排出液体,稍停片刻继续将按钮按至第二档排出残余的液体,最后缓慢松开控制按钮。吸取液体时绝不允许突然松开,否则液体进入吸头过快,会导致液体倒吸入移液器内腐蚀柱塞而造成漏气。

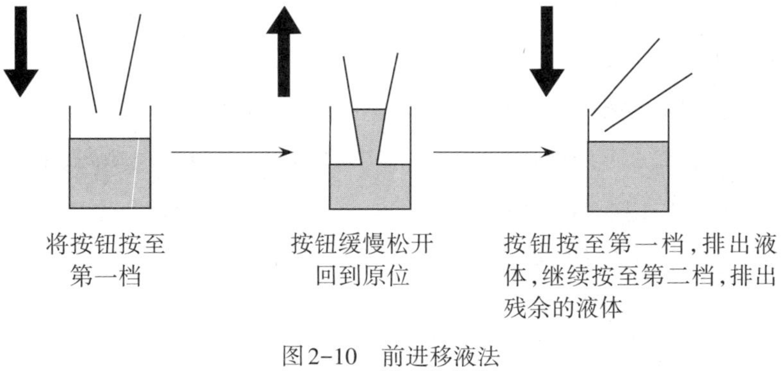

图2-10　前进移液法

二是反向移液法(图2-11)。此法一般用于转移高黏液体、生物活性液体、易起泡液体或极微量的液体,其原理就是先吸入多于设置量程的液体,转移液体的时候不用吹出残余的液体。先按下按钮至第二档,慢慢松开按钮至原点,接着将按钮按至第一档排出设置好量程的液体,继续保持按住按钮位于第一档(千万别再往下按),取下有残留液体的枪头,弃之。放液时,如果量很小则应将吸头尖端靠近容器内壁。

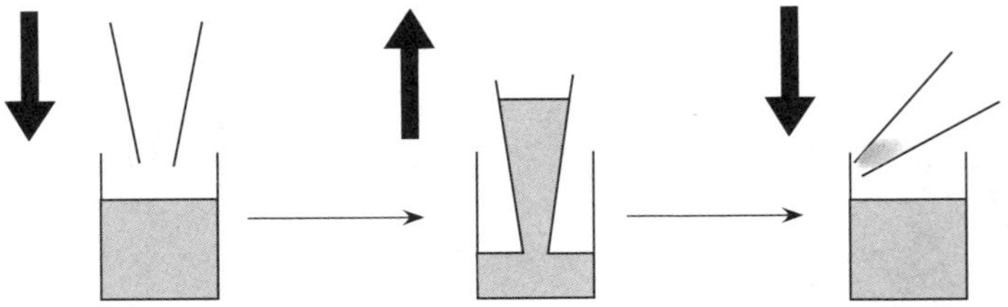

图2-11　反向移液法

注意事项:

①移液器吸头在样品中的入液角度应当尽量接近90°,与垂直方向偏离不超过20°,角度太大可能导致吸头中吸入太多的液体,造成吸液不准确。

②慢吸慢放,控制好弹簧的伸缩速度。吸液速度太快会产生反冲和气泡,导致移液体积不准确。

③使用时要检查是否有漏液现象。方法是吸取液体后悬空垂直放置几秒钟,看看液面是否下降。如果漏液,则检查吸头是否匹配、弹簧活塞是否正常。

④正确的入液深度可使移液准确度提高5%。如果吸头入液过深,则随着压力的加大,吸液量将会增多;如果吸头入液太浅,则可能造成空气进入,从而产生气泡使吸液不准确。微量移液器的吸头入液深度应取决于吸头的大小。移液器量程2~10 μL,入液深度1 mm;量程20~100 μL,入液深度2~3 mm;量程200~1000 μL,入液深度3~6 mm;量程5~10 mL,入液深度6~10 mm。

(4)移液器的正确放置。

移液器使用完毕,要把移液器的量程调至最大值的刻度,使弹簧处于松弛状态以保护弹簧,从而延长移液器的使用寿命。如不使用,尽量将其竖直挂在移液器架上。当移液器吸头里有液体时,切勿将移液器水平放置或倒置,以免液体倒流腐蚀活塞和弹簧。

3.移液器的清洁与消毒灭菌

(1)移液器的清洁。

①移液器外部清洁。定期清洁移液器外壳,用肥皂水或异丙醇即可,主要擦拭手柄、

吸头助推器及吸头套筒外部，再用蒸馏水清洗，自然晾干。这样既可保持美观，又降低了对样品产生污染的可能性。

②移液器内部清洁。移液器在吸取高挥发、高腐蚀液体后，为防止这些气体或液体长时间吸附于活塞表面，对活塞产生腐蚀，损坏移液器，应将整支移液器拆开，用蒸馏水冲洗活塞杆及吸头套筒内壁，并在自然晾干后，在活塞表面用棉签均匀地涂上一层薄薄的润滑油脂，安装后使用。

(2)移液器的消毒。

①化学消毒。用酒精等擦拭移液器的外表面，然后晾干即可，此法适用于所有类型的移液器。

②紫外线消毒。用紫外线照射移液器的表面，通过破坏细胞的DNA结构来达到消毒的目的。紫外线消毒的时间取决于辐射强度和细菌对紫外线的抵抗力强弱。大多数品牌的移液器是可以用紫外线消毒的，但仍需要事先与供应商进行确认，并非所有的移液器都能进行紫外线消毒。

(3)移液器的灭菌。

高温灭菌前，要确保移液器能适应高温。移液器的高温高压灭菌分为整支灭菌和半支灭菌，绝大多数品牌的移液器都可以半支灭菌，但是否能整支灭菌，使用者一定要与供应商确认。

如果是不可整支灭菌的移液器，先用灭菌袋、锡箔纸或者牛皮纸等材料包装需要灭菌的部件，121 ℃灭菌20 min。灭菌完毕后，在室温下完全晾干，给活塞上油，再进行组装。如果是可整支灭菌的移液器，则可以将整支移液器放置于121 ℃ 0.1 MPa气压高温高压灭菌20 min。

如果有的移液器不能进行高温高压灭菌，但是又需要用于某些特殊的操作，若担心移液器被污染影响实验结果，可用75%的乙醇清洗移液器的头部。如果是用于提取RNA要用无RNase污染的75%乙醇，也可用去除RNA酶的RNaseZap擦拭。

注意：只能半支消毒的移液器不可以进行整支消毒，否则会出现读数部位变色、读数不准。

4.移液器的校准

移液器校准是在20~25 ℃环境中通过重复几次称量超纯水的方法来进行，超纯水的温度与室温温差不得大于2 ℃。天平示值等级要与移液器被检量程相匹配，移液器量程10 μL以下用精度为0.001 mg的电子天平，10~100 μL和100 μL以上的分别用0.01 mg、0.1 mg的电子天平。

校准的步骤如下：

（1）打开电子天平，空载调零。

（2）放入小烧杯，待天平显示稳定后按下归零键归零。

（3）将移液器的容量调至最小被检点。被检点一般选择最小、中间和最大容量值，选定的校准体积不小于拟定体积的10%。

（4）移液器安装相应的吸头，对移液器的吸头用超纯水进行预洗。

（5）使用移液器移取被检容量的超纯水至天平的小烧杯内。

（6）待天平显示稳定后，马上读取并记录此时电子天平显示出的数值，记录完毕将电子天平复零，重复5次，并计算平均值。

（7）按照校准方法得到当前的实际容量值，根据与标示容量值的差值，通过移液器上的调准旋钮进行调整。

①移液器实际容量计算：将所测得的质量值带入以下公式，求得移液器在标准温度20 ℃时的实际容量值：

$$V_{20}=m \cdot K(t)$$

式中：V_{20}——在当前温度下的移液器的实际容量，μL；

m——被检移液器所排出的超纯水质量，mg；

$K(t)$——测定值m和测定时超纯水温度的比例系数；

②移液器的容量相对误差计算：将换算得到的实际容量值代入以下公式，求得移液器在标准温度20 ℃时的容量相对误差：

$$E=\frac{V-\bar{V}}{\bar{V}}\times 100\%$$

式中：V——标称容量，μL；

$\bar{V}$——5次测量的算术平均值，μL。

③移液器的容量重复性计算：将换算得到的实际容量值代入以下公式，求得移液器在当前温度下的容量重复性：

$$S=\frac{\sigma_{n-1}}{\bar{V}}\times 100\%$$

式中：σ_{n-1}——标准偏差；

n——测量次数；

S——重复性。

（8）当调整后测得的实际容量值与标示容量值（最小校准点值）符合表2-1要求时，

将移液器容量调整至中间量程继续测量。中间量程符合要求时，再调整至最大量程继续测量。如果中间量程或者最大量程有一个不符合表2-1要求时，则需重新调整至最小量程继续修正，直到3个量程的值都符合要求为止。

（9）最小量程低于10 μL的，不进行修正，如果最大量程和中间量程符合校准要求的，可以继续使用，否则返厂维修。最大量程小于10 μL的移液器需送有资质的单位校准。

表2-1　移液器容量允许误差和测量重复性

标称容量/μL	校准点/μL	容量允许误差±(%)	测量重复性≤(%)
20	2	12.0	6.0
	10	8.0	4.0
	20	4.0	2.0
50	5	8.0	4.0
	25	4.0	2.0
	50	3.0	1.5
100	10	8.0	4.0
	50	3.0	1.5
	100	2.0	1.0
200	20	4.0	2.0
	100	2.0	1.0
	200	1.5	1.0
1000	100	2.0	1.0
	500	1.0	1.0
	1000	1.0	0.5
5000	500	1.0	0.5
	2500	0.5	0.2
	5000	0.6	0.2

（六）显微镜和解剖镜的使用

1. 显微镜的结构及功能

显微镜的种类虽多，但基本结构都包括以下三个部分：光学放大系统、机械系统和光源系统（图2-12）。

① 目镜
② 物镜
③ 玻片夹
④ 机械载物台
⑤ 聚光镜
⑥ 集光镜
⑦ 主机
⑧ 目镜观察筒
⑨ 电源插口/保险管座

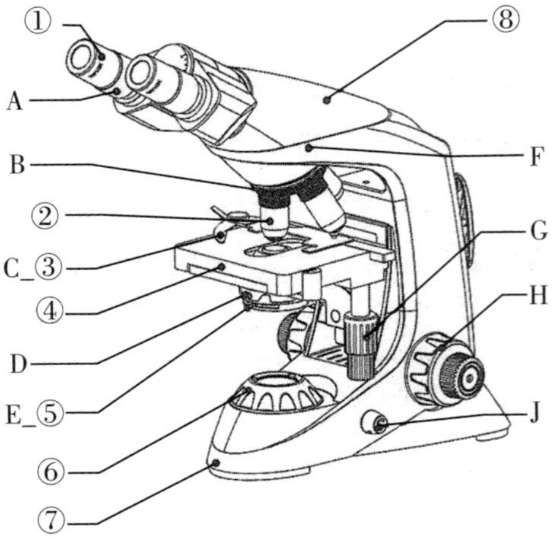

A 屈光度调节圈
B 物镜转换器
C 片夹手柄
D 聚光镜调整拨盘
E 孔径光阑拨杆
F 目镜观察筒锁紧螺钉孔
G 机械载物台纵横向移动手轮
H 右粗准焦旋钮
J 亮度调节旋钮
K 显微镜提手
L 绕线器
M 电源开关
N 粗微动松紧调节旋钮
P 左细准焦旋钮

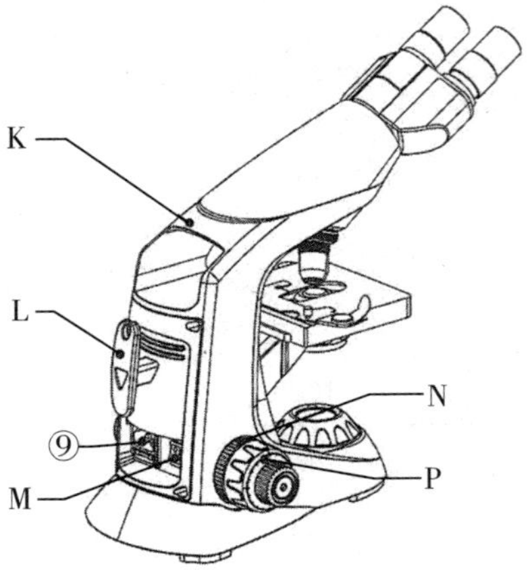

☆ 数字 为显微镜组成部件，
字母 为显微镜可操作调节部件。

图2-12 实验室常用显微镜的构造

(1)光学放大系统

光学放大系统包括眼部观察的目镜、物镜转换器和转换器上连接的不同放大倍数的物镜。这种显微镜须由物镜和目镜同时呈现放大的图像，放大的倍数即为物镜与目镜放大倍数的乘积，因此又称为复式光学显微镜。物镜种类繁多，可根据以下三个方面来进行分类：通过放大倍数可分为低倍镜、中倍镜和高倍镜；按放大所用空间介质可分为干燥物镜和浸液物镜；按其物像校正情况可分为消色差物镜、半复消色差物镜、复消色差物镜和平场物镜。每个物镜上对其主要参数和性能均有标识，如图2-13中展示的几种常见物镜中，10倍物镜有几行标识：“10×/0.25”中的10表示物镜放大倍数，0.25表示数值孔径；“∞/0.17”中的∞表示所适用的显微镜镜筒长度（mm），0.17表示该物镜所适用的盖玻片厚度（mm）。

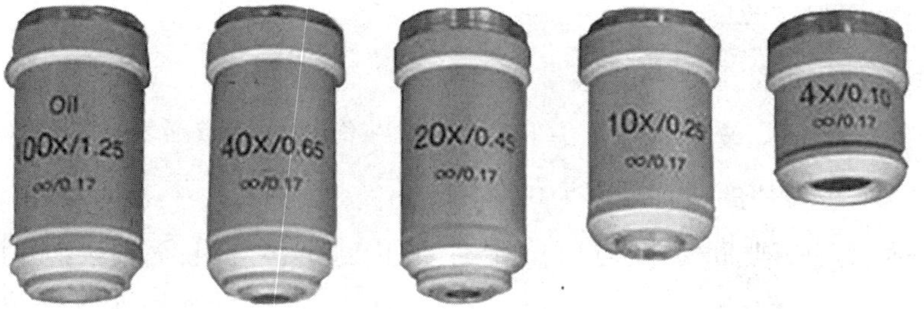

图2-13　几种常见的物镜

（2）机械系统

这部分结构主要用于光学系统的支撑和运动，通过其调节光学系统的正确位置，保证光学系统充分发挥作用。机械系统主要包括基座、镜臂、载物台、调焦器等。基座上通常接有电源插口和电源开关，和镜臂一起组成了显微镜的主要机械框架。载物台位于物镜下方，用于放置所需观察的玻片。载物台上有玻片夹并连接有纵横向移动手轮，用于固定和移动玻片。载物台上还附有标尺，其用法同游标卡尺，主要用于标记玻片上某视野的位置或测量标本大小。物镜不能自动对焦，需通过转动调焦器来实现人工对焦，调焦器分为粗准焦旋钮和细准焦旋钮。部分调焦器旁还配有保险装置或在物镜上配有缓冲装置，以防止调焦时物镜将玻片压碎。

（3）光源系统

显微镜的光源系统通常包括光源与聚光器两个部分。光源主要是通过人工照明，照明设备位于显微镜基座，可通过亮度调节旋钮来选择适宜观察的亮度。

聚光器位于载物台下方，由透镜和孔径光阑组成，其作用是把光源集中到所要观察的标本上。同时聚光器还能影响标本成像的分辨率和对比度。

2. 显微镜的使用

（1）显微镜的使用方法。

将显微镜置于平整且整洁的操作台面，检查各部分系统是否完整。接通电源，打开电源开关，调节亮度旋钮，使光源强度既不刺眼又能看清视场。将所需观察的标本玻片置于操作台，调节玻片夹将玻片固定，调节载物台手轮，将标本移入光路。进行观察之前，应先调整双目瞳距与视度，使两眼视场重合，最终在视野中看到一个像而不是两个。调节屈光度调节圈，使左右两眼目镜视度一致。观察时，应先使用低倍镜（4×或10×）进行焦距调节并确定视野范围。若需要观察细微结果或较小物体时，可使用高倍物镜，此时需将待观察部位置于视野中央，通过物镜转换器切换到高倍镜下观察，此过程中需保证粗准焦旋钮不变，通过细准焦旋钮来调节焦距使视野清晰，同时通过调节聚光镜的孔径光阑，以获得最佳观察效果。

（2）显微镜使用的注意事项及保养。

①选择盖玻片和载玻片时应考虑其厚度，以获得最佳观察效果，其中盖玻片的厚度以0.17 mm为宜，载玻片的适宜厚度为0.9~1.4 mm。

②调焦时，切记不要同时用力反向旋转左右粗、细准焦旋钮，否则会损坏调焦部件。

③变换物镜时，切勿直接搬动物镜，应手持转换器的齿纹部分旋转转换器，使物镜进入光路。

④使用油镜时，应先用40×物镜调焦清晰后移出光路，在标本上方光斑处滴一滴浸油，然后将100×油镜移入光路。此时应轻轻转动物镜转换器或载物台纵横向移动手轮，同时稍稍转动细准焦旋钮，以排出浸油中的气泡，否则将会严重影响成像效果。

⑤操作过程中不可让任何液体，特别是酸、碱、染液或其他试剂流到载物台上，更不要沾到镜头上。

⑥观察过程中如需更换玻片，应先将载物台调低或是将高倍物镜移出光路后再更换，以避免污染或者磨损物镜。

⑦仪器应在阴凉干燥、无震动、无尘、无酸碱蒸汽及任何腐蚀性气体的环境里使用和放置。正常工作的温湿度条件为0~40 ℃，最大相对湿度为85%。

⑧仪器使用完应切断电源，罩上防尘罩。

3.解剖镜的结构和功能

解剖镜又称为体式显微镜，是一种通过双目观察将细微物体放大，且具有高分辨率、高清晰度和强立体感的连续变倍显微镜，它的特点还包括具有较长的工作距离、宽阔的视场和良好的成像质量。根据以上特点，可将需要观察的标本或操作的实验对象直接置于载物台进行观察和操作。解剖镜的结构也可以分为三个部分：光学放大系统、机械系统和光源系统。

（1）光学放大系统。

解剖镜的光学放大系统包括目镜、物镜、变倍调节手轮以及焦距调节手轮。目镜与普通光学显微镜的目镜相似，通常放大倍数为10倍或20倍。两个目镜筒之间的距离可以根据观测者的瞳距来调节成适合观察的宽度。解剖镜与光学显微镜相比，最大的区别在于其物镜包含在一个整合的镜体中，放大倍数较小，可通过变倍手轮连续调节。光学显微镜是由不同固定放大倍数的物镜通过物镜转换器组合而成。这一整合的镜体中还包括一个特殊的棱镜,可以将所成的像倒转180°,这也是解剖镜的成像是正像的原因。解剖镜因为放大倍数较光学显微镜而言要小很多,所以没有粗、细准焦调节之分,只有一个焦距调节手轮。

(2)机械系统。

解剖镜的机械系统主要起到支撑和框架作用,主要包括底座和支柱。底座为整个解剖镜的基座,其内部包括电源插口、电源开关以及两种光源的开关和亮度调节旋钮。同时,其表面还有一个载物台安装孔,可根据不同观测需求装载黑白台板或磨砂玻璃台板。支柱是双目镜体的支持部分,支柱内的滑槽是镜体升降调焦的结构基础。

(3)光源系统。

与光学显微镜相比,解剖镜的光源系统不含聚光器,但其发光来源分为上光源和下光源。上光源的灯头位于双目镜体和支柱的连接处,可通过灯头调节旋钮来移动光照区域。下光源的灯头位于载物台下方,当载物台为磨砂玻璃台板时,可开启照明(图2-14)。

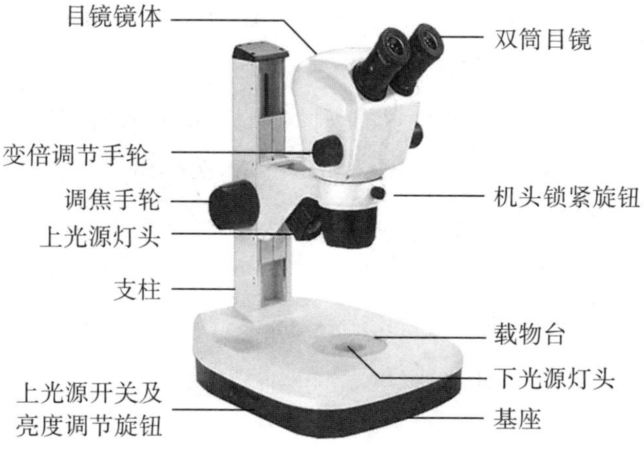

图2-14 解剖镜的构造

4.解剖镜的使用

(1)解剖镜的使用方法。

①将解剖镜放置于水平且整洁的台面,接通电源,打开开关。

②根据观测者的瞳距,调节双目镜筒的距离,方法与光学显微镜相似。

③摆放标本之前,先根据标本特征,选择使用不同载物台板。主要观测物体表面特征时使用反射光照明,此时选择黑白台板进行观测:观测深色标本时,用白色面;观测浅色标本时,用黑色面。主要观测透明或半透明物体内部结构时,使用透射光照明,此时选择磨砂玻璃台板。

④将标本置于载物台中央,调节变倍手轮至最低变焦倍数,然后通过调焦手轮对标

本进行初步聚焦。根据观测需要，选择合适放大倍数后再调节调焦手轮进行精准对焦，对焦后再对双筒目镜的屈光度或变焦的齐焦性进行调节。

(2)解剖镜使用的注意事项及保养。

①取用解剖镜时，必须用一只手握住支柱，另一只手托住底座，保持镜身垂直，轻拿轻放。

②接通电源之前，先确保两个光源的开关保持关闭，且亮度旋钮位于低挡位。

③根据不同观察要求，打开对应光源，严禁同时打开两种光源。

④一旦操作结束，应尽快关闭光源，以延长灯泡使用寿命。

⑤关闭光源前，应先将亮度调至最低，再关闭。

⑥体式显微镜使用后要套上防尘罩。

参考文献

1. 仇雪梅，王有武. 遗传学实验[M]. 武汉：华中科技大学出版社，2015.

2. 谷祝平. 光学显微镜[M]. 兰州：甘肃人民出版社，1985.

3. Douglas B Murphy, Michael W Davidson. Fundamentals of Light Microscopy and Electronic Imaging. Second Edition[M]. New Jersey: Wiley-Blackwell, 2012.

4. Yanina Fedorenko. Introductory Chapter: Electron Microscopy - Research Highlights[M]. Intechopen, 2018.

第三部分

经典遗传学实验

实验1

果蝇的饲养及性状观察

在解决生物学问题时，研究者们通常需要先明确研究方向和实验材料。在确立了研究方向之后，选择合适的实验材料往往显得比明确方法更为重要。生物学家们通过对一些特定的生物进行研究，来揭示一些较为普遍的生物学规律和现象。这些选定的生物被称为模式生物。理想的模式生物一般需具备以下特征：世代周期短、子代多；染色体数量少，遗传背景清楚；具有较多可观察的表型突变；实验操作简便，交配可控。果蝇因符合以上特征而成为动物遗传学研究中最为重要的一种模式生物。

一、实验目的

（1）了解果蝇生活周期特征及各阶段的形态变化。

（2）学习不同性状果蝇的识别及雌、雄果蝇的鉴别。

（3）初步了解实验室饲养果蝇的方法和所用器械。

二、实验原理

黑腹果蝇（*Drosophila melanogaster*）属于节肢动物门（Arthropoda）、昆虫纲（Insecta）、双翅目（Diptera）、果蝇科（Drosophilidae）、果蝇属（*Drosophila*），该属现已被发现的果蝇有1 500余种。黑腹果蝇是生物学研究中一种重要的模式生物，以酵母菌为主要食物。早在1901年，生物学家们首次将果蝇作为遗传学研究材料，并取得了初步进展。到了1907年，一开始反对孟德尔遗传定律的摩尔根也以此作为实验材料，想要验证荷兰学者德弗里斯的突变论。但当他用培养的白眼果蝇与野生型红眼果蝇进行杂交后，结果显示红、白眼色性状符合孟德尔提出的遗传规律，并与性别连锁遗传。由此，摩尔根对孟德尔遗传定律的态度大为转变，并进一步提出了遗传学三大定律中的连锁互换定律。果蝇作为遗传学研究的材料，具有许多突出的优点：

(1)体型小、易饲养，便于在实验室培养。

(2)生活周期短、繁殖力强。在25 ℃条件下约10 d即可完成一个生活周期，研究者可在较短时间内获得大量个体进行研究分析。

(3)染色体数目少，遗传背景清楚。果蝇仅有4对染色体，基因组约180 Mb。幼虫唾液腺染色体巨大，为分析染色体畸变、定位基因等工作提供便捷。

(4)易辨别雌雄，为杂交实验操作提供便利。

(5)突变性状多，且大部分为形态突变，便于观察。易于诱变，且多数突变体可存活。

(6)雄果蝇完全连锁，同一条染色体上的多个突变性状不会重组交换。

(一)果蝇的生活史

果蝇属于完全变态类昆虫，整个生活史包括卵、幼虫、蛹和成虫4个发育阶段(图3-1)。果蝇的生活周期长短与温度有着密切关系(表3-1)，在一定范围内，温度越低，生活周期越长，而当温度高于30 ℃，则会引起果蝇的不育和死亡。一般饲养果蝇的最适温度为20~25 ℃。在25 ℃下培养时，果蝇只需10 d左右即可产生1代，羽化后的成虫可存活30 d左右。雌蝇交配后1~2 d即开始产卵，一次的产卵量可达100枚，一生可产约2 000枚卵。果蝇的卵为白色，长约0.5 mm，呈腹部扁平的椭圆形，在其背部前端有一对触丝，使卵能够附着在培养基表层或瓶壁。受精卵24 h内就能孵化为幼虫，幼虫经两次蜕皮从一龄幼虫转变为三龄幼虫。三龄幼虫体长可达4~5 mm，头部稍尖，上有一黑色钩状口器。幼虫经4~5 d开始化蛹，化蛹前，三龄幼虫停止摄食并爬到相对干燥的表面，逐渐形成一个梭形的蛹。早期的蛹呈淡黄色，在羽化前，颜色逐渐变为深褐色，而在瓶壁上看到的几乎透明的蛹是果蝇羽化后留下的空壳。刚羽化出的果蝇虫体较长，翅膀未完全张开，体表因未完全几丁质化而呈半透明乳白色。成蝇羽化12 h后即可进行交配，交配后，雌蝇可将精子储存在储精囊中一段时间，然后逐渐释放到输卵管中。所以在杂交实验中，母本必须选用未交配的处女蝇。

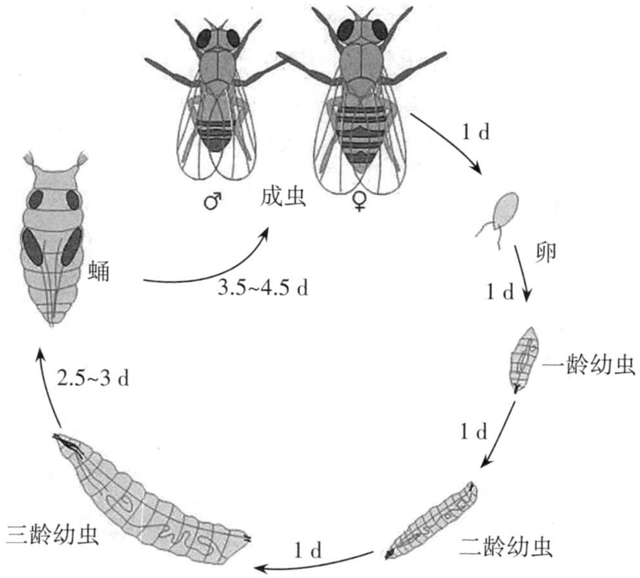

图 3-1　果蝇的生活周期(25 ℃)

表 3-1　果蝇的生活周期与培养温度的关系

培养温度	10 ℃	15 ℃	20 ℃	25 ℃
卵→幼虫	57 d	18 d	8 d	5 d
幼虫→成虫	57 d	18 d	6 d	4 d

(二)果蝇的雌雄鉴别

果蝇成虫的形态构造主要包括以下三个部分:头部,有一对复眼、三个单眼和一对触角;胸部,有三对足、一对翅和一对平衡棒;腹部,背面有黑色环纹,腹面有腹片,外生殖器在腹部末端,全身有许多体毛和刚毛。果蝇的雌雄在幼虫阶段难以鉴别,但对于成蝇而言,其雌雄表型特征区别非常明显,易于区分。其主要特征见表 3-2。

表 3-2　雌雄果蝇主要特征对比

性别	体型	腹部末端	背部条纹	腹部腹片	性梳
♀	大	较大、端尖	7 条 (可见 5 条)	6 片	无
♂	小	较小、钝圆	5 条 (可见 3 条)	4 片	有

(三)突变性状的观察

果蝇在自然或人工诱导下,能产生表型性状改变的基因突变,且能稳定遗传。实验中常用的突变性状一般通过肉眼即可鉴别，主要集中在眼部（颜色、大小、形状），翅（翅形、翅脉），刚毛（有无、形态）和体色（表3-3）。

表3-3 果蝇常见突变性状

影响部位	突变性状	基因符号	性状特征	染色体定位
眼部	白眼	*w*	复眼呈白色	X（Ⅰ）
	棒眼	*B*	复眼呈条形，小眼数少	X（Ⅰ）
	褐眼	*bw*	复眼呈褐色	II
翅	残翅	*vg*	翅退化，小部分残留，不能飞	II
	小翅	*m*	比正常翅短，与腹部末端等长	X（Ⅰ）
	卷翅	*cy*	翅膀向上卷曲，纯合致死	II
体色	黄体	*y*	体色呈浅橙黄色	X（Ⅰ）
	黑檀体	*e*	体色呈乌木色，黑亮	III
	黑体	*b*	体黑色，比黑檀体深	II
刚毛	焦刚毛	sn^3	刚毛呈卷曲状	X（Ⅰ）
	叉毛	*f*	体毛和刚毛分叉且卷曲	X（Ⅰ）

三、实验材料

1. 材料

正常型和几种常见的突变型果蝇、麻醉瓶、培养瓶、毛笔等。

2. 仪器

体式显微镜、生化培养箱、高压蒸汽灭菌锅、电磁炉、白瓷板、天平。

3. 试剂

乙醚、丙酸、玉米粉、酵母粉、蔗糖、琼脂。

四、实验方法

（一）果蝇的培养

1. 培养基的制备

果蝇以酵母菌作为主要食物来源，因此凡是能够发酵的基质都可以用作果蝇培养的主要饲料原料。实验室常用的饲料原料有玉米、米粉、香蕉等，具体配方见表3-4。

表3–4　常见果蝇饲料配方

成分	玉米饲料	米粉饲料	香蕉饲料
水/mL	200	100	50
琼脂/g	2	2	1.6
蔗糖/g	17	12	—
玉米粉/g	21	—	—
米粉/g	—	8	—
香蕉浆/g	—	—	50
麸皮/g	—	8	—
酵母粉/g	8	5	4
丙酸/mL	1	0.8	0.5

以玉米饲料为例，具体操作步骤如下：

（1）取总水量一半，加入琼脂并搅匀，煮沸溶解。

（2）取另一半水混合玉米粉，加热，并与溶解后的琼脂混合到一个烧杯中，混匀。

（3）向培养基中加入酵母粉，继续煮沸至培养基呈糊状，停止加热。以上操作都要不断搅拌，以避免沉积物烧焦。

（4）向培养基中加入蔗糖，搅拌溶化。

（5）待培养基温度降至50 ℃左右，加入丙酸，充分混匀，分装。每个培养瓶中培养基厚度以2~3 cm为宜。

2.原种培养

在做新的原种培养之前，先检查一下果蝇有没有混杂，防止原种基因丢失。亲本数目一般为每瓶5~10对，培养瓶上注明原种名称、接种日期等信息。原种一般每2~4周更换一次培养基，具体时间视培养温度而定。每一原种至少保留两瓶，以防止杂菌污染对果蝇的破坏。原种培养的温度可控制在10~15 ℃，培养时避免阳光直射。培养瓶中如发现少量霉点，可用烧过的解剖针挑出。若出现大量霉菌污染，可将果蝇转移至另外一个干净培养瓶中活动4~5 h，然后再转移至装有新培养基的培养瓶中，以防止霉菌污染。

（二）果蝇生活史的观察

用放大镜观察培养瓶或者试管内不同生活时期（卵、幼虫、蛹、成虫）果蝇的形态与特征。

（三）果蝇成虫性别鉴定及突变性状观察

1.果蝇麻醉

观察果蝇性状、鉴别雌雄以及选择亲本进行杂交时，需要先将果蝇麻醉，使其处于不活动状态以便于观察和操作。乙醚麻醉法是目前最常用的实验室果蝇麻醉方法。麻醉前，可选择大小合适的广口瓶作为麻醉瓶，在瓶盖内侧塞入一团脱脂棉球。滴加乙醚时只需滴加到棉球上，以保持瓶内干燥，防止果蝇翅膀因瓶壁潮湿而被粘住，影响后续观察。

麻醉时先将麻醉瓶塞取下，轻拍培养瓶，使瓶内果蝇都震落至培养基上。然后迅速打开培养瓶棉塞，将瓶口朝下对准麻醉瓶瓶口。握紧两瓶口，稍微倾斜，轻拍培养瓶使果蝇震落到麻醉瓶中。轻拍时需注意力度，防止培养基塌陷。待足够量果蝇进入麻醉瓶后，迅速盖好两个瓶塞，将麻醉瓶中果蝇拍落至瓶底，在瓶塞内棉球上滴加乙醚，然后迅速盖好。待瓶内果蝇麻醉后，倒在白瓷板上进行后续观察，或者根据杂交目的选取需要的果蝇转移入新的培养瓶内。转移麻醉状态下的果蝇时，为避免果蝇粘在培养基上，需先将培养瓶横放，然后把果蝇放置在干燥的瓶壁上，待其苏醒后再将培养瓶竖立。麻醉的程度根据实验要求而定，若只做形态观察，不进行后续培养，则可深度麻醉致死；对仍需继续培养的果蝇以轻度麻醉为宜。当果蝇麻醉后翅膀外展45°且足部僵直时，则表明果蝇死亡。

2.观察

将麻醉后的果蝇倒在白瓷板上，用体式显微镜进行观察。根据实验原理中相关知识鉴别雌雄果蝇，并识别不同突变性状的特征。

五、实验结果分析

将观察结果填入表3-5和表3-6。

表3-5　雌雄果蝇特征对比

对比特征	特征描述	
	♀	♂

表3-6　果蝇常见性状的观察结果

序号	表型	体色	眼色	翅形	刚毛形态
1					
2					
3					
4					
5					

六、思考题

(1)为什么果蝇是遗传学研究的理想材料?

(2)制作果蝇培养基时应注意哪些问题?

(3)在25 ℃条件下,从果蝇亲本杂交开始,到获得足够数量的F_2代成蝇,最少要经历多少天?

七、实验拓展

三位美国科学家Jeffrey C. Hall，Michael Rosbash和Michael W. Young发现了调控昼夜节律的分子机制,并且因这一发现,他们获得了2017年诺贝尔生理学或医学奖。这三位科学家正是利用果蝇作为模式生物,分离出一种能够控制日常生物节律的基因。他们通过研究证明:这种基因编码出的一种蛋白,会在夜间不断累积,然后在白天又发生分解。此外,他们还发现这种生物过程中的其他相关蛋白成分,从而揭示细胞管理这种自我维持运行的机制。

请列举出果蝇作为模式生物,在动物科学领域中的具体研究和应用。

以下为诺贝尔奖委员会官方网站对该奖项的概述部分:

SUMMARY

Life on earth is adapted to the rotation of our planet. For many years we have known that living organisms，including humans，have an internal，biological clock that helps them anticipate and adapt to the regular rhythm of the day. But how does this clock actually work? Jeffrey C. Hall，Michael Rosbash and Michael W. Young were able to peek inside our biological clock and elucidate its inner workings. Their discoveries explain how plants，animals and humans adapt their biological rhythm so that it is synchronized with the earth's revolutions.

地球自转引起了昼夜规律变化，地球上的生物必须适应这个节律才能生存。经过长期的研究，我们了解到包括人类在内的所有生物机体存在着内在的生物钟，它帮助我们预测和适应每天规则的节律。但是这个生物钟是如何真正起作用的？今年诺贝尔生理学或医学奖获得者Jeffrey C. Hall、Michael Rosbash和Michael W.Young揭开了它的神秘面纱，并阐明了其内部作用机制。他们的发现解释了植物、动物以至人类是如何适应各自的生物节律，以保持与地球自转的协同一致。

Using fruit flies as a model organism, this year's Nobel laureates isolated a gene that controls the normal daily biological rhythm. They showed that this gene encodes a protein that accumulates in the cell during the night, and is then degraded during the day. Subsequently, they identified additional protein components of this machinery, exposing the mechanism governing the self-sustaining clockwork inside the cell. We now recognize that biological clocks function by the same principles in cells of other multicellular organisms, including humans.

这3位科学家用果蝇作为模式生物分离出1个控制正常生物节律的基因，并且发现该基因编码的蛋白质在夜间积聚，但在白天降解。随后，他们鉴定了参与这个过程的其他蛋白组分，从而揭示出细胞内控制自我运行的生物钟的机制。我们现在了解到不同有机体中的生物钟都以相同的工作原理运转，包括人类。

With exquisite precision, our inner clock adapts our physiology to the dramatically different phases of the day. The clock regulates critical functions such as behavior, hormone levels, sleep, body temperature and metabolism. Our wellbeing is affected when there is a temporary mismatch between our external environment and this internal biological clock, for example when we travel across several time zones and experience "jet lag". There are also indications that chronic misalignment between our lifestyle and the rhythm dictated by our inner timekeeper is associated with increased risk for various diseases.

生物钟以其精准性调节着机体重要的生理功能，如行为、激素水平、睡眠、体温和代谢等，使我们的机体适应于每天的不同时间阶段。当外部环境与体内生物钟出现暂时的不协调时，机体健康将受到影响，譬如当旅行跨过几个时区时身体会出现时差反应，这也可提示生活方式与体内生物钟的慢性失调将引起多种疾病的风险增高。

参考文献

1. 吴琼，林琳，张贵友．普通遗传学实验指导(第2版)[M]. 北京：清华大学出版社，2016.

2. 杨大翔．遗传学实验(第3版)[M]. 北京：科学出版社，2016.

3. Adams M D, Celniker S E, Holt R A, et al. The genome sequence of *Drosophila melanogaster* [J]. Science, 2000, 287(5461):2185-2195.

实验2

果蝇的单因子杂交实验

基因分离定律是由孟德尔在1864年通过8年的豌豆杂交实验发现并提出的，是遗传学中最基本的一个定律。它从本质上阐明了控制生物性状的遗传物质是以自成单位的基因存在的。基因作为遗传单位在体细胞中成对出现，它在遗传上具有高度的独立性。在减数分裂形成配子的过程中，基因能够独立分离进入合子，通过基因重组在子代继续表达各自携带的信息。配子形成时等位基因的分离是不易观察的，但我们可通过易观察的对应性状的分离来分析判断。在本实验中，我们将集中研究果蝇单个性状的分离来验证基因分离定律。

一、实验目的

(1)验证并加深理解基因分离定律。

(2)掌握果蝇杂交方法与技术。

(3)学习生物统计处理方法。

二、实验原理

基因分离定律：在杂合子细胞中，位于一对同源染色体上的等位基因，具有一定的独立性。当细胞进行减数分裂时，等位基因会随着同源染色体的分开而分离，分别进入两个配子中，独立地随配子遗传给后代。对于果蝇杂合F_1代而言，单独的一对基因在这种状态下互不干扰，而在配子形成时又独立分配到不同配子中。理论上配子分离比是1∶1，F_2代的基因型分离比则是1∶2∶1。若该基因属完全显性遗传，则表型分离比是3∶1。

本实验采用翅形基因来进行性状观察，正常翅(野生型)和残翅是一对相对性状，受一对等位基因(+/vg)控制，该等位基因位于果蝇第2号染色体，正常翅对残翅为显性性状。当这两个品系的果蝇进行正、反交时，F_1代都是正常翅。F_1代杂交后，F_2代翅形出现性状分离，分离后正常翅与残翅的比例为3∶1（图3-2）。

	正交	反交
P	正常翅（++）×残翅（vgvg） ♀　　　　♂	残翅（vgvg）×正常翅（++） ♀　　　　♂
	↓	↓
F_1	正常翅（+vg）	正常翅（+vg）
	↓×	↓×
F_2	正常翅∶残翅=3∶1 ++∶+vg∶vgvg=1∶2∶1	正常翅∶残翅=3∶1 ++∶+vg∶vgvg=1∶2∶1

图3-2　果蝇的翅形性状杂交示意图（正、反交）

三、实验材料

1.材料

正常翅（++）果蝇和残翅（vgvg）果蝇、麻醉瓶、培养瓶、白瓷板、毛笔等。

2.仪器

体式显微镜、生化培养箱、高压蒸汽灭菌锅、电磁炉、天平。

3.试剂

乙醚、丙酸、玉米粉、酵母粉、蔗糖、琼脂。

四、实验方法

1.收集处女蝇

实验1中提到雌蝇因生殖器中有储精囊，可以将一次交配所得的精子储存并在之后的一段时间内逐渐地将形成的受精卵排出，因此正、反交实验开始前必须收集野生型和残翅果蝇的处女蝇作为母本。将两种性状果蝇原种培养瓶中的成蝇全部移除，此后每隔8~10 h收集该阶段羽化出的成蝇。通过适度麻醉，将雌蝇挑选出来放入新的培养瓶中。因成蝇在羽化后10~12 h内一般不进行交配，所以在此时间段内收集到的雌蝇即为交配的处女蝇。将麻醉后的果蝇放入培养瓶时，应注意先横置培养瓶，将果蝇放于干燥的培养瓶壁，待其苏醒后再将培养瓶竖立。

2.果蝇杂交

集齐足够数量的正常翅和残翅处女蝇后，分别将同等数量的残翅和正常翅雄蝇放入对应的处女蝇培养瓶中，用记号笔注明杂交组合、实验日期等信息，然后将培养瓶置于25 ℃恒温培养箱中培养。接种后应注意观察培养基是否有污染，如发现污染应及时更换。同时需观察亲本状态，如接种后短时间内有亲本死亡，应及时补充。培养7~8 d后，待杂交培养瓶内出现大量幼虫和部分蛹时，移除瓶内亲本成蝇，以避免亲子蝇混淆。再经过4~5 d，开始收集F_1代成蝇，观察表型并做好记录。选取5~8对F_1代成蝇放入新的培养瓶进行杂交，与亲本杂交一样，用记号笔标明相关信息，此时选取的雌蝇无须为处女蝇。培养7~8 d后，待自交培养瓶内出现大量幼虫和部分蛹时，移除F_1代成蝇。过4~5 d后，开始收集F_2代成蝇，每两天收集一次，麻醉致死后观察性状并记录，连续收集3~5次后对实验结果进行χ^2检验。杂交实验流程见图3-3。

提前10 d，将5~8对正常翅和残翅果蝇分别放入培养瓶中培养

↓

Wk1：移除成蝇，收集处女蝇（待收集5~8只正常翅和残翅雌蝇后，放入对应数量残翅和正常翅雄蝇进行正、反交）

↓

Wk2：培养7~8 d后，待瓶内出现部分蛹时，完全移除亲本果蝇

↓

Wk3：移除亲本4~5 d后，收集并观察F_1代表型，选取5~8对F_1代成蝇至新培养瓶中培养

↓

Wk4：F_1代培养7~8 d后，待瓶内出现部分蛹时，完全移除F_1代成蝇

↓

Wk5：收集并观察F_2代表型，实验结果进行χ^2检验

图3-3　果蝇杂交实验流程

五、实验结果分析

观察记录F_2代表型并完成表3-7，利用χ^2检验对观测结果进行统计分析（表3-8）。

表3-7　正、反交F_2代成蝇表型统计

统计日期	正交		反交	
	正常翅	残翅	正常翅	残翅
合计				

表3-8　χ^2检验分析结果

	正常翅	残翅	合计
观察值(O)			
预期值(E)			
偏差($O-E$)			
$(O-E)^2/E$			

自由度(df)=n−1,$\chi^2=\sum\frac{(O-E)^2}{E}$。查$\chi^2$表,若$\chi^2\leqslant(df)_{0.05}$,则说明观察值与预期值的差异属随机误差,单因子的遗传符合分离定律;若$\chi^2>(df)_{0.05}$,则推断观察值与预期值之间差异显著,单因子的遗传不符合分离定律。

六、思考题

(1)如果亲本和F_1代的母本不是处女蝇,对实验结果是否有影响?有哪些影响?

(2)在什么情况下,F_2代的性状分离比才能得到3:1的比值?

七、实验拓展

在进行野生型和残翅果蝇的正、反交时,观察记录不同杂交组合的F_1代群体数量是否存在差异,如有差异,请分析造成这种差异的原因。

[拓展阅读]果蝇(*Drosophila*)雄蝇的求偶在成功交配中起着重要作用,求偶可以使雌蝇安静下来易于交配。求偶时,攀爬前振翅产生具有物种特异性“求偶歌”是大多数果蝇主要的求偶特征,在配偶选择、物种形成及进化中起着重要作用。因此,果蝇的翅形成为求偶交配的关键因素。不同突变类型的果蝇之间可能存在的“歧视”也会对果蝇的生殖行为产生影响。有研究表明,通过改变黑腹果蝇翅膀的大小来影响果蝇的振翅频率,可以显著地改变其子代的产生个数。当全翅雄性果蝇遇到人为裁翅的雌性果蝇时,雄蝇明显排斥雌蝇,直到雄蝇在找不到合适的雌蝇时,才会与人为裁翅的雌性果蝇进行交尾,但是它们已经错过了最佳的交尾时间,从而影响到了子代的个体数。并且,当雄性果蝇被人为裁翅时,全翅的雌性果蝇也会排斥它,这种雄蝇只有与同样被人为裁翅的雌性果蝇交尾较为容易。健全的雄性果蝇与天然残翅的雌性果蝇杂交要比健全的雌性果蝇与天然残翅的雄性果蝇交尾较为容易,因为健全的雄性果蝇更容易进行交尾。裁翅的果蝇与天然残翅的果蝇杂交,只有当裁翅的长度与残翅果蝇翅大小相当的时候,才更有利于交

尾。由此可见，在果蝇的生殖过程中，不同性状的个体之间存在一定的生殖“歧视”。同时，进入繁殖期时，翅是两性吸引的重要结构部分，雄性主要依靠振翅的频率来吸引异性，因此果蝇的翅形是繁殖交尾的一个关键因素。

参考文献

1. 仇雪梅，王有武. 遗传学实验[M]. 武汉：华中科技大学出版社，2015.

2. 郭善利，刘林德. 遗传学实验教程[M]. 北京：科学出版社，2004.

3. 张根发，梁前进. 遗传学实验（第2版）[M]. 北京：北京师范大学出版社，2017.

4. 吴常信. 动物遗传学[M]. 北京：高等教育出版社，2009.

实验3

果蝇的双因子杂交实验

孟德尔通过对豌豆不同相对性状分别进行研究之后得出了性状遗传的分离定律。在这个基础上，他又进一步研究了两对和两对以上的相对性状之间的遗传关系，从而提出了自由组合定律（独立分配定律）。对比单因子杂交实验可以发现，自由组合定律实质上是杂合子F_1代在配子形成阶段发生等位基因分离，而非等位基因自由组合。同样，这一过程需要通过易观察表型的两对相对性状的组合来验证与分析。本实验通过果蝇的两对由非等位基因控制的表型性状来进行杂交实验，以验证基因的自由组合定律。

一、实验目的

(1)学习果蝇双因子杂交实验的原理和方法。

(2)验证并加深理解遗传学第二定律——自由组合定律。

(3)熟练运用统计学方法处理和分析数据。

二、实验原理

基因自由组合定律是指控制不同相对性状的等位基因在配子形成过程中，与另一对等位基因的分离和组合互不干扰、独立分配，然后自由组合到配子中去。根据此规律，选用两种非连锁性状基因型的果蝇杂交，F_1代配子分离比是1∶1∶1∶1，而F_2代会出现四种不同表型，其比例为9∶3∶3∶1。

本实验采用控制翅形与体色性状的两对非等位基因来进行操作与观察：两种突变性状灰体残翅（+/vg）与黑檀体长翅（e/+）中的突变基因vg和e分别位于常染色体II和III上。灰体对黑檀体为完全显性，长翅对残翅为完全显性。当这两个突变型的果蝇进行正交或反交时，F_1代都是灰体长翅。F_1代杂交时会产生4种不同类型的配子。雌雄配子自由组合，在F_2代可得到16种组合，包括9种基因型和4种表型。具体的类型和比例见表3-9。无论正交还是反交，理论上都会是同样的结果。但因残翅果蝇不能飞，这便于处女蝇收集和其他操作，而且残翅果蝇作为母本得到的子代多于长翅作为母本得到的子代，所以本实验中以灰体残翅作为母本，黑檀体长翅作为父本进行杂交实验（图3-4）。

表3-9　果蝇双因子杂交F_2代表型和基因型占比

表型	基因型	占比
灰体长翅（9/16）	+ + + +	1/16
	+ + + vg	2/16
	+ e + +	2/16
	+ e + vg	4/16
灰体残翅（3/16）	+ + vgvg	1/16
	+ evgvg	2/16
黑檀体长翅（3/16）	ee + +	1/16
	ee + vg	2/16
黑檀体残翅（1/16）	eevgvg	1/16

F　　灰体残翅（++vgvg）×黑檀体长翅（ee++）
　　♀　　　　♂
　　↓
F_1　　灰体长翅
（+e+vg）
　　↓ ×

F_2

♀ ╲ ♂	++	+vg	e+	evg
++	++++	+++vg	+e++	+e+vg
+vg	+++vg	++vgvg	+e+vg	+evgvg
e+	+e++	+e+vg	ee++	ee+vg
evg	+e+vg	+evgvg	ee+vg	eevgvg

图3-4　果蝇双因子杂交示意图

三、实验材料

1. 材料

黑檀体长翅(ee++)果蝇和灰体残翅(++vgvg)果蝇、培养瓶、白瓷板、毛笔。

2. 仪器

体式显微镜、生化培养箱、高压蒸汽灭菌锅、电磁炉、天平、麻醉瓶等。

3. 试剂

乙醚、丙酸、玉米粉、酵母粉、蔗糖、琼脂。

四、实验方法

1. 收集处女蝇

将灰体残翅果蝇原种培养瓶中的成蝇全部移除，此后每隔8~10 h收集该阶段羽化出的成蝇。通过适度麻醉将雌蝇挑选出来，放入新的培养瓶中。因成蝇在羽化后10~12 h内一般不进行交配，所以在此时间段内收集到的雌蝇即为未交配的处女蝇。将麻醉后的果蝇放入培养瓶时，应注意先横置培养瓶，将果蝇放于干燥的培养瓶壁，待其苏醒后再将培养瓶竖立。

2. 果蝇杂交

集齐足够数量的灰体残翅处女蝇后，将对应数量的黑檀体长翅雄蝇放入收集处女蝇的培养瓶中，用记号笔注明杂交组合、实验日期等信息。将培养瓶置于25 ℃恒温培养箱中培养。接种后应注意观察培养基是否有污染，如发现污染应及时更换。同时需观察亲本状态，如接种后短时间内有亲本死亡，应及时补充。培养7~8 d后，待杂交培养瓶内出现大量幼虫和部分蛹时，移除瓶内亲本成蝇，以避免亲子蝇混淆。4~5 d后开始收集F_1代成蝇，观察表型并做好记录。然后选取5~8对F_1代成蝇放入新的培养瓶进行杂交，与亲本杂交一样，用记号笔标明相关信息，此时选取的雌蝇无须为处女蝇。培养7~8 d后，待培养瓶内出现大量幼虫和部分蛹时，移除F_1代成蝇，然后过4~5 d，开始收集F_2代成蝇。每两天收集一次，麻醉致死后观察性状并记录，连续收集3~5次后，实验结果进行χ^2检验。杂交实验流程见图3-5。

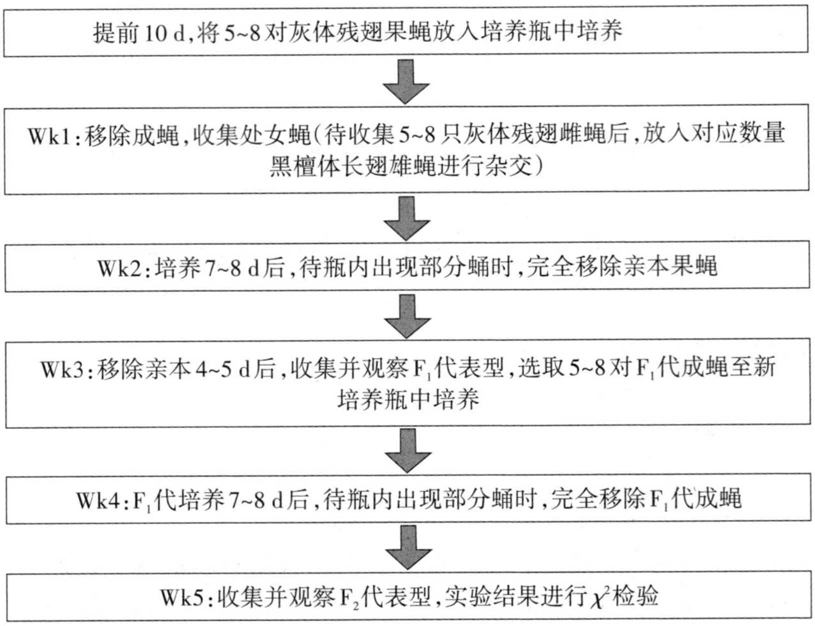

图3-5　果蝇双因子杂交实验流程

五、实验结果分析

观察记录F_2代表型并完成表3-10，利用χ^2检验对观测结果进行统计分析（表3-11）。

自由度（df）=$n-1$，$\chi^2=\sum\frac{(O-E)^2}{E}$。查$\chi^2$表，若$\chi^2\leqslant(df)_{0.05}$，则说明观察值与预期值的差异属随机误差，双因子的遗传符合自由组合定律；若$\chi^2>(df)_{0.05}$，则推断观察值与预期值之间差异显著，双因子的遗传不符合自由组合定律。

表3-10　F_2代表型统计

统计日期	灰体长翅	灰体残翅	黑檀体长翅	黑檀体残翅

表 3-11　χ^2检验分析结果

	灰体长翅	灰体残翅	黑檀体长翅	黑檀体残翅	合计
观察值(O)					
预期值(E)					
偏差($O-E$)					
$(O-E)^2/E$					$\chi^2=$

六、思考题

(1)基因间发生自由组合的前提是什么？如何判断两个基因是连锁还是自由组合？

(2)为什么第二周和第四周的时候要完全移除瓶内成蝇？如未完全移除，会对后续实验产生什么影响？

七、实验拓展

根据所学内容，试阐述自由组合定律在生物多样性和生物进化中的意义。

【拓展阅读】孟德尔自由组合定律可以解释生物多样性和生物进化的内在原因，即非同源染色体上的基因自由组合，产生具有多样性的配子，进一步获得具有多样性的生物表型。按照此定律，如果一个杂合体在n对基因上有差异，且这些基因都是独立遗传的，那么将产生2^n种配子。如果进行自交，则其子代将有$2n$种不同的表型。现有的研究表明，高等生物普遍含有的基因数量为几万个，由于非同源染色体上基因的自由组合，每种生物本身都会呈现出多样的表型，有着丰富的变异类型。变异是生物进化的前提条件，丰富的变异类型使得物种能够适合各种自然条件，从而有利于生物进化。在育种工作中，还可以有目的地组合两个亲本的优良性状，育成优良品种，并可预测杂交后代中出现的优良性状组合及其大致的比例，以便确定育种工作的规模。

参考文献

1.李宁.动物遗传学(第3版)[M].北京：中国农业出版社，2011.
2.李雅轩，赵昕.遗传学综合实验[M].北京：科学出版社，2006.
3.吴常信.动物遗传学[M].北京：高等教育出版社，2009.
4.杨大翔.遗传学实验(第3版)[M].北京：科学出版社，2016.

实验4

果蝇的伴性遗传实验

伴性遗传，又称为性连锁遗传(sex-linked inheritance)，通常是指在动物群体中，控制某一表型性状的遗传位点位于性染色体上(例如，位于X染色体上)而导致该表型性状在世代之间的传递与性别有关。Morgan及其学生通过果蝇眼睛颜色(红眼和白眼)的正、反交实验首次对该遗传学现象进行了系统的解释。

一、实验目的

(1)验证并理解伴性遗传现象。

(2)进一步掌握果蝇的饲养以及杂交方法与技术。

(3)进一步熟悉生物统计学中的χ^2检验。

二、实验原理

伴性遗传(以X染色体为例)：由于遗传位点位于X染色体，导致单个性状的正、反交实验中，显、隐性性状在F_2代的分布比例不同(分别为3∶1、1∶1)。另外，该种遗传现象还表现出在性别间分离比例不一致、交叉遗传、出现假显性等特点。

本实验以果蝇眼睛颜色为例，红眼(野生型)和白眼(突变型)是一对相对性状，受位于X染色体上的一对等位基因(X^+/X^w)的控制。其中，红眼对白眼为完全显性。当利用上述两个品系的果蝇进行正、反交实验时，两种实验的F_2代个体的表型比例不同，具体情况见图3-6。

	正交	反交
P	红眼(X^+X^+)×白眼(X^wY)	红眼(X^+Y)×白眼(X^wX^w)
	↓	↓
F_1	红眼(X^+X^w)×红眼(X^+Y)	红眼(X^+X^W)×白眼(X^wY)
	↓	↓
F_2	红眼:白眼=3:1	红眼:白眼=1:1
	(X^+X^+、X^+X^w、X^+Y):X^wY=3:1	(X^+X^w、X^+Y):(X^wX^w、X^wY)=1:1

图3-6　果蝇的眼色性状杂交示意图

三、实验材料

1.材料

红眼果蝇(X^+X^+、X^+Y)和白眼果蝇(X^WX^W、X^WY)、麻醉瓶、培养瓶、白瓷板、毛笔等。

2.仪器

体式显微镜、生化培养箱、高压蒸汽灭菌锅、电磁炉、天平。

3.试剂

乙醚(或二氧化碳)、丙酸、玉米粉、酵母粉、葡萄糖、琼脂、蒸馏水等。

四、实验方法

1.亲本果蝇繁殖

在杂交前10 d,将实验所需的父母本品系分别置于25 ℃的生化培养箱中饲养繁殖,待幼虫化蛹后(7~8 d),将饲养瓶中的成年果蝇全部除去以便选择杂交实验所需要的亲代处女果蝇。

2.选择处女果蝇

将两种果蝇原种培养瓶中的成蝇全部移除,此后每隔8~10 h收集该阶段羽化出的成蝇。通过适度麻醉,将雌蝇挑选出来,放入新的培养瓶中。因成蝇在羽化后10~12 h内一般不进行交配,所以在此时间段内收集到的雌蝇即为未交配的处女蝇。将麻醉后的果蝇放入培养瓶时,应注意先横置培养瓶,将果蝇放于干燥的培养瓶壁,待其苏醒后再将培养瓶竖立。

3.杂交接种

首先制备好培养基,然后分别对杂交实验所需要的亲本果蝇进行麻醉,按照正、反交实验设计,分别选取5~8只雄蝇和雌蝇(处女蝇),放入同一培养瓶中,放置于25 ℃的生化培养箱中饲养繁殖。在接种后的第7~8 d,清除掉培养瓶中所有的杂交亲本。再经过3~5 d的培养，培养瓶中就会出现成年F_1代果蝇，观察F_1代成年雄蝇和雌蝇的表型，并判断结果是否符合预期。制备新的培养基，然后从进行正交实验的培养瓶中选择5~8对（雄蝇可少一点，雌蝇必须保证足够数量）放入同一新的培养瓶中（为保证F_1代的数量，可在F_1代多扩繁1瓶）。参照正交实验进行反交实验的转瓶工作，继续培养7~8 d，然后清除F_1代的成蝇。再培养4~5 d，F_2代成蝇出现，可以分批次（可以约两天一次）观察并分别统计正、反交实验的F_2代中不同眼色个体的数量。

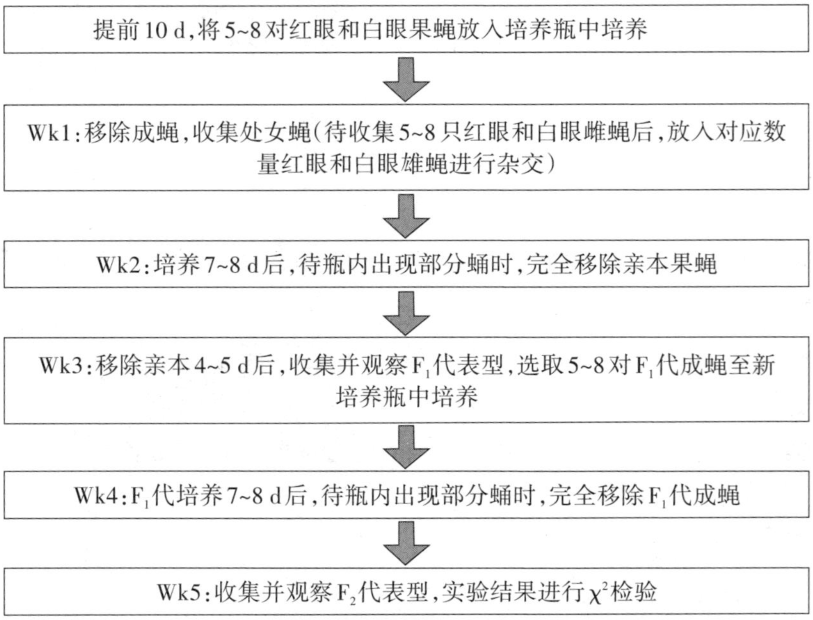

图3-7　果蝇伴性遗传杂交流程

五、实验结果分析

（1）观察记录F_2代表型并完成表3-12。

表3-12　正、反交F_2代成蝇表型统计

统计日期	正交		反交	
	红眼	白眼	红眼	白眼

(2)利用自由度为1的χ^2检验对观察结果进行统计分析,判断该性状是否符合伴性遗传(表3-13)。

表3-13　χ^2检验分析结果

测项	红眼	白眼	合计
观察值(O)			
预期值(E)			
偏差($O-E$)			
$(O-E)^2/E$			$\chi^2=$

本实验中,自由度(df)=2-1=1,$\chi^2=\sum\frac{(O-E)^2}{E}$。查$\chi^2$表,若$\chi^2\leqslant(df)_{0.05}$,则表明观察值与预期值的差异属随机误差,该性状的遗传符合分离定律;若$\chi^2>(df)_{0.05}$,则表明观察值与预期值之间差异显著,该性状的遗传不符合分离定律。

六、思考题

(1)如果亲本和F_1代的母本不是处女蝇,对实验结果是否有影响?有哪些影响?

(2)在本实验室饲养的果蝇中,还可以围绕哪些性状开展伴性遗传实验?

七、实验拓展

查阅文献,了解伴性遗传在畜牧业中有哪些成功的应用。

【拓展阅读】伴性遗传现象在养鸡生产中的应用目前主要表现在两方面:一是用于初生雏鸡的自别雌雄,这些性状包括金银色羽、芦花羽和快慢羽等,它们在雏鸡出壳后即可明显表现出不同的外貌特征,这为公母分群饲养或及早淘汰公雏提供了极为便利的条件。另一方面则主要用于降低生产成本、提高效益方面,应用的性状基因是伴性矮小基因。矮小基因纯合体对雏鸡的生长发育没有明显影响,但成年后其体重与正常体型的鸡相比约减小30%,成年矮小鸡的生产成绩有一定差异:矮小型蛋用鸡的缺点是性成熟期较晚、产蛋率低、蛋重偏小,但这些缺点通过选择都可改进,矮小型肉用种鸡的产蛋量与正常的鸡相比基本相同或略有提高。矮小型鸡的共同优点是所需房舍、设备投资少,饲料利用率和抗病力较高,耐热性也较强。用矮小型母鸡与正常公鸡杂交所得的肉仔鸡与正常鸡相比,8周龄时公鸡平均体重低30%~45%,母鸡则基本相同。矮小型肉用种母鸡适于笼养,这为肉种鸡的现代化饲养管理和人工授精技术的普及创造了有利条件。因此,在现代化肉鸡育种工作中,很多已使用了隐性矮小伴性基因培育矮小型品系。

参考文献

1. 卢龙斗，常重杰.遗传学实验技术[M].北京：科学出版社，2007.

2. 乔守怡.遗传学分析实验教程[M].北京：高等教育出版社，2008.

3. 吴常信.动物遗传学[M].北京：高等教育出版社，2009.

4. Gardner E J. Principles of Genetics[M]. New YorK: John Wiley & Sons, 1981.

实验5

果蝇连锁遗传的三点测验

遗传连锁(genetic linkage)通常指由于控制不同性状的遗传位点(基因)位于同一染色体上距离较近的基因座上,从而导致非等位基因之间出现共分离(co-segregation),不同性状之间的组合不再表现出符合自由组合定律的分离现象。连锁互换定律的实质是因为高等真核生物的遗传物质是以染色体的形式存在的,而在减数分裂形成配子的过程中,同源染色体上的等位基因有时会随着非姐妹染色单体的交换而产生基因重组,且在同一染色体上不同基因位点间的距离与发生重组的概率总体上成正比。该概念是由摩尔根与其学生根据大量实验结果于1912年首次提出。

一、实验目的

(1)加深理解连锁遗传的原理。

(2)掌握染色体作图的三点测验法。

二、实验原理

两个遗传位点之间的遗传连锁现象既可以发生在常染色体上,也可以发生在性染色体上。总体来说,在一次减数分裂过程中,断裂与重组是小概率事件。因此,在较大的样本量条件下,最终形成的配子中亲本型个体(配子)的比例通常较高(> 50%),而重组型个体(配子)的比例通常较低(< 50%)。因此,在测交实验中,重组型个体(配子)的比例反映了两个位点遗传距离的远近关系,从而可以作为衡量两个位点距离的一种尺度,重组率越大,表明两个座位之间的距离越远(理论最大值为50%);反之,则越近。

本实验以果蝇刚毛、眼色、翅膀长度(翅长)三个性状为例。红眼(野生型)和白眼(突变型)、直刚毛(野生型)和焦刚毛(突变型)、长翅(野生型)和小(短)翅(突变型)是三对相对性状，且控制这三对性状的基因座均位于X染色体上。其中，红眼（X^+）对白眼（X^w）为完全显性，直刚毛（X^+）对焦刚毛（X^{sn}）为完全显性，长翅（X^+）对小翅（X^m）为完全显性（图3-8）。值得注意的是，当利用上述两个品系的果蝇进行正交实验时，F_2代中只有雄蝇完全反映了F_1代雌蝇在减数分裂过程中三个位点的遗传重组情况，故只能统计F_2代的雄蝇。因此，这一组实验饲养繁殖的果蝇数量要足够多。

	正交		反交
P	红直长（$X^{+++}X^{+++}$）×白焦小（$X^{wsnm}Y$）	P	红直长（$X^{+++}Y$）×白焦小（$X^{wsnm}X^{wsnm}$）
	↓		↓
F_1	红直长（$X^{+++}X^{wsnm}$）×红直长（$X^{+++}Y$）	F_1	红直长（$X^{+++}X^{wsnm}$）×白焦小（$X^{wsnm}Y$）
	↓		↓
F_2	红直长（$X^{+++}Y$）　红直长（$X^{+++}X^{+++}$）	F_2	红直长（$X^{+++}Y$、$X^{+++}X^{wsnm}$）
	白焦小（$X^{wsnm}Y$）　红直长（$X^{+++}X^{wsnm}$）		白焦小（$X^{wsnm}Y$、$X^{wsnm}X^{wsnm}$）
	红焦小（$X^{+snm}Y$）　红直长（$X^{+++}X^{+snm}$）		红焦小（$X^{+snm}Y$、$X^{+snm}X^{wsnm}$）
	白直长（$X^{w++}Y$）　红直长（$X^{+++}X^{w++}$）		白直长（$X^{w++}Y$、$X^{w++}X^{wsnm}$）
	红直小（$X^{++m}Y$）　红直长（$X^{+++}X^{++m}$）		红直小（$X^{++m}Y$、$X^{++m}X^{wsnm}$）
	白焦长（$X^{wsn+}Y$）　红直长（$X^{+++}X^{wsn+}$）		白焦长（$X^{wsn+}Y$、$X^{wsn+}X^{wsnm}$）
	红焦长（$X^{+sn+}Y$）　红直长（$X^{+++}X^{+sn+}$）		红焦长（$X^{+sn+}Y$、$X^{+sn+}X^{wsnm}$）
	白直小（$X^{w+m}Y$）　红直长（$X^{+++}X^{w+m}$）		白直小（$X^{w+m}Y$、$X^{w+m}X^{wsnm}$）

图3-8　果蝇三点测验示意图

三、实验材料

1.材料

红直长和白焦小品系果蝇、麻醉瓶、培养瓶、白瓷板、毛笔等。

2.仪器

体式显微镜、电热恒温培养箱、高压蒸汽灭菌锅、电炉、天平。

3.试剂

乙醚（或二氧化碳）、丙酸、玉米粉、酵母粉、葡萄糖、琼脂、蒸馏水等。

四、实验方法

1.亲本果蝇

在杂交前10 d，将实验所需的父母本品系分别置于25 ℃的电热恒温培养箱中饲养繁殖，待幼虫化蛹后（7~8 d），将饲养瓶中的成年果蝇全部除去以便选择杂交实验所需要的亲代处女果蝇。

2.选择处女果蝇

将两种果蝇原种培养瓶中的成蝇全部移除，此后每隔8~10 h收集该阶段羽化出的成蝇。通过适度麻醉，将雌蝇挑选出来放入新的培养瓶中。因成蝇在羽化后10~12 h内一般不进行交配，所以在此时间段内收集到的雌蝇即为交配的处女蝇。将麻醉后的果蝇放入培养瓶时，应注意先横置培养瓶，将果蝇放于干燥的培养瓶壁，待其苏醒后再将培养瓶竖立。

3.杂交接种

首先制备好培养基，然后分别对杂交实验所需要的亲本果蝇进行麻醉，按照正、反交实验设计，分别选取5~8只雄蝇和雌蝇（处女蝇），放入同一培养瓶中，放置于25 ℃的电热恒温培养箱中饲养繁殖。在接种后的第7~8 d，清除掉培养瓶中所有的杂交亲本。再经过3~5 d的培养，培养瓶中就会出现成年F_1代果蝇，观察F_1代成年雄蝇和雌蝇的表型，并判断结果是否符合预期。制备新的培养基，然后从进行正交实验的培养瓶中选择5~8对雄蝇和雌蝇（雄蝇可少一点，雌蝇必须保证足够数量）放入同一新的培养瓶中（为保证F_1代的数量，可在F_1代多扩繁1瓶）。依据上述步骤，进行反交实验。继续培养7~8 d，然后清除F_1代的成蝇，再培养4~5 d，F_2代成蝇出现，可以分批次（可以约两天一次）观察，并分别统计在正、反交实验的F_2代中不同表型个体的数量。

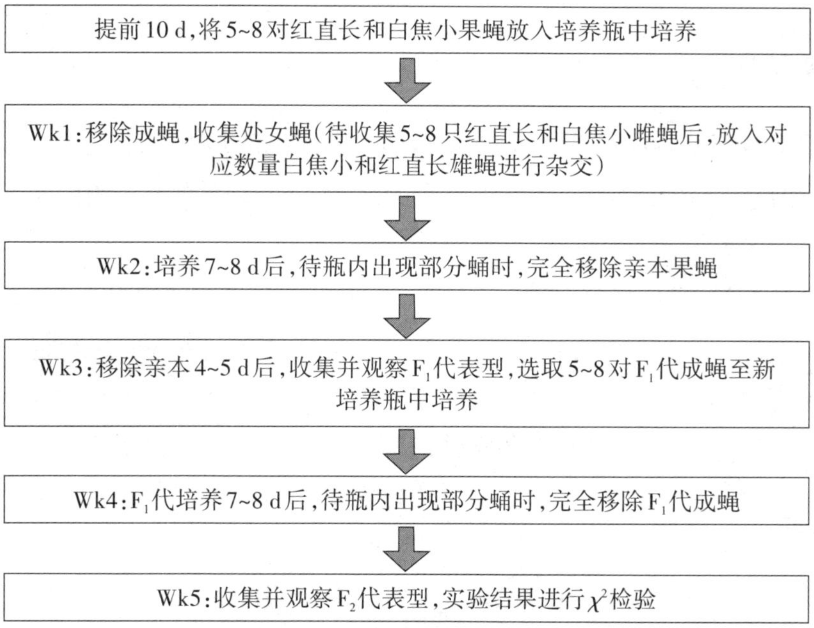

图3-9　果蝇连锁遗传的三点测验流程

五、实验结果分析

(1)观察F_2代表型并记录在表3-14中。

(2)根据统计结果确定三个基因座的相对位置关系。

(3)计算三个位点之间的重组值(交换值),绘制出遗传连锁图。

表3-14 正、反交F_2代成蝇表型统计结果

统计日期	正交/反交							
	红直长	白焦小	红焦小	白直长	红直小	白焦长	红焦长	白直小
合计								

六、思考题

上述两个品系的果蝇还可用于哪些实验?

七、实验拓展

请查阅资料,除三点测验这一经典遗传学的基因定位方法外,伴随着分子遗传学和统计遗传学的发展,还有哪些方法或技术手段能够应用于动植物基因组的基因定位?

参考文献

1. 仇雪梅,王有武.遗传学实验[M].武汉:华中科技大学出版社,2015.

2. 李宁.动物遗传学(第3版)[M].北京:中国农业出版社,2011.

3. 张文霞,戴灼华.遗传学实验指导[M].北京:高等教育出版社,2007.

4. Frederic B H, Hutt B A, Rasmusen. Animal Genetics[M]. New York: John Wiley & Sons, 1982.

实验6 果蝇唾液腺染色体的制备与观察

最初的染色体研究工作面临着两大难题：一是染色体往往都很小，不易于观察研究；二是大部分生物的染色体都没有特殊的识别标志。作为遗传学研究中重要的模式生物，黑腹果蝇的染色体在有丝分裂中期其单倍体总长仅约7.5 μm，很难进行观察和识别，所以在遗传的染色体学说建立后遗传学和细胞学研究者都在不断地寻找尺寸、识别标记都适宜观察和分析的染色体。唾液腺染色体就是在这样的背景下被重新发现的。

一、实验目的

（1）掌握分离果蝇幼虫唾液腺的技术，学习唾液腺染色体标本的制作方法。

（2）观察了解果蝇唾液腺染色体的形态学及遗传学特征。

二、实验原理

唾液腺染色体（salivary gland chromosome），也称巨大染色体（giant chromosome）或多线染色体（polytene chromosome），其最早由意大利学者Balbiani于1881年在双翅目昆虫摇蚊（*Chironomid*）的幼虫唾液腺中发现。1933年，美国学者Painter等在黑腹果蝇和其他蝇类的幼虫唾液腺中也发现了这种巨大染色体。1935年，Morgan的学生Bridges首次绘制出完整的黑腹果蝇唾液腺染色体图谱，同时也制定了相应的制图方法。这之后，在蝇类的其他消化道和消化腺细胞中也相继发现了这种巨大染色体。

唾液腺细胞发育到一定阶段后就不再进行有丝分裂，而是停止在细胞间期。但随着幼虫整体器官发育及唾液腺细胞本身体积的不断增大，细胞核内紧密配对的同源染色体仍不断地复制，复制后产生的染色体彼此不分开，且与原来的染色体并行排列。经过10~15次复制后，就会形成宽约5 μm，长约400 μm，相当于普通染色体100~150倍的巨大染色体，这个含有上千条平行紧密排列的多线化的染色质丝拷贝体，也叫作多线染色体。

多线染色体的同源染色体是以联会的形式存在于体细胞中，遗传学上称之为体联会(somatic synapsis)。唾液腺染色体在染色后可出现深浅不同、疏密各异的横纹，深者称为带(band)，浅者称为带间(interband)。这些横纹的数量、位置、宽度及顺序几乎都是恒定的，代表着果蝇等昆虫的种属特性。研究表明，这些横纹结构与染色体上的基因有着密切关系，一旦染色体上发生了缺失、重复、倒位和易位等，可以通过比对唾液腺染色体的横纹特征来发现。因此，唾液腺染色体成为遗传学上研究染色体形态结构及染色体畸变的好材料。另外，巨大染色体所在的细胞在代谢上也有显著优势，例如幼虫唾液腺细胞可以通过代谢快速积累其化蛹所需的胶蛋白。

三、实验材料

1.材料

三龄幼虫、盖玻片、载玻片、滤纸等。

2.仪器

显微镜、解剖镜、解剖针。

3.试剂

改良苯酚品红染液、浓盐酸、NaCl等。

(1)1 mol/L HCl溶液：用量筒量取浓盐酸8.33 mL，加蒸馏水稀释至100 mL。

(2)生理盐水：称取0.9 g NaCl于容器中，加入100 mL蒸馏水，搅拌至完全溶解，于高压蒸汽灭菌锅121 ℃灭菌20 min。

四、实验方法

(一)三龄幼虫的饲养

为了便于在解剖镜下操作并进一步获取理想的染色体标本，选取实验材料时应尽量挑选生长良好、形体肥大的三龄幼虫，以保证其唾液腺发育良好。果蝇幼虫的培养需注意以下三点。

(1)培养基营养丰富、水分充足。可在常规培养基配方中适当调低琼脂的添加量，同时增加酵母粉的含量。

(2)控制幼虫密度。一般250 mL的培养瓶接种10对成蝇，2 d后移除成蝇，以保证幼虫密度适中，生长良好。

(3)低温培养。稍低的温度有利于幼虫充分生长发育，以获得更好的染色体切片，一般可将幼虫置于15~20 ℃的条件下培养。

(二)唾液腺的获取与分离

(1)选取肥大的三龄幼虫一只，置于载玻片上，滴加半滴生理盐水，移至双筒解剖镜下观察。

(2)解剖时，左右手以握笔的方式各拿一根解剖针。建议用非惯用手持解剖针按压住幼虫体前1/3~1/2处，而惯用手则持解剖针按压住幼虫口器部，然后向外快速平稳一拉。

(3)操作全程需通过目镜观察。随着口器部断开，可以看到一对呈半透明香蕉状或上小下大的囊状腺体也会随之拉出，这对附着有脂肪体的腺体就是唾液腺。在解剖镜底部光源照射下，目镜中看到的唾液腺近乎透明，而旁边附着的脂肪体则呈深灰色(图3-10)。

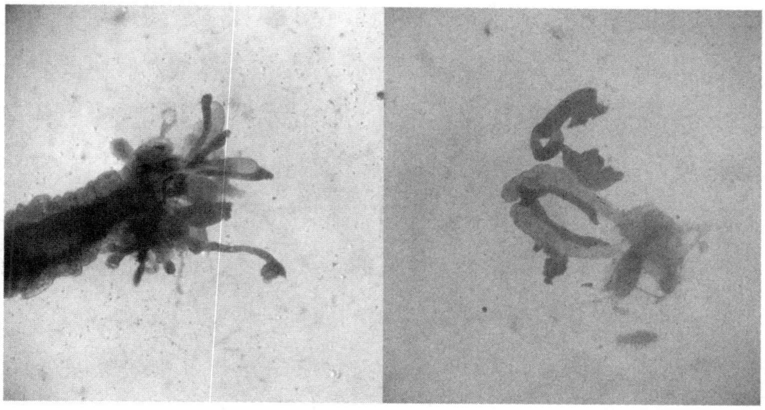

图3-10　解剖镜下观察到的果蝇唾液腺

(4)用解剖针将不需要的组织挑去，但不用将唾液腺周围的组织完全剔除，这样容易导致唾液腺丢失。另外唾液腺周围脂肪组织中细胞染色体还可以在染色后与唾液腺细胞染色体进行对比。

(三)制片观察

(1)唾液腺获取后，用滤纸吸去多余的生理盐水，然后滴加1滴1 mol/L HCl溶液，解离3~5 min。为避免这个过程中唾液腺丢失，可用解剖针将唾液腺按压固定后再进行操作，后续步骤同理。

(2)用滤纸吸去HCl溶液后，滴加改良苯酚品红染液，染色5~8 min。

(3)染色后，盖上盖玻片，用滤纸吸去多余染液，适度压片，使染色体尽量分散但不至于将染色体压碎。

(4)制好的玻片在显微镜下观察，结果较好的玻片可以封片制成永久片保存。

五、实验结果分析

观察制作的玻片，挑选形态良好、分散适中的染色体进行绘图。观察并识别唾液腺染色体的染色中心，通过各条臂的特点辨别唾液腺染色体的6条臂。

六、思考题

(1)试分析影响制片质量的主要因素有哪些?

(2)试述果蝇唾液腺染色体带的形成及其在遗传学研究中的意义。

七、实验拓展

查阅文献，举例说明唾液腺染色体在现代遗传学研究中的应用。

【拓展阅读】20世纪以来，由于果蝇的唾液腺染色体在遗传学研究领域上被科学家们广为采用，所以相对而言，果蝇是在细胞和分子遗传学背景方面研究得最为清楚的模型动物。正是由于其完美的细胞遗传图谱和可以指示转录变化的染色体蓬突结构的存在，使得果蝇能够作为一个用于研究各种细胞机制和遗传缺陷的材料。近年来，随着果蝇数据库的日臻完善，科学家将果蝇作为研究许多人类基因(特别是疾病相关基因)功能基因组学的一个重要模型。很多与疾病相关的重要基因功能通过这个模型得到阐明，如与血脂异常、肥胖和糖尿病等相关的重要基因的研究。

果蝇唾液腺多线染色体还可以用来解释遗传学上一些重要的遗传学效应，如剂量补偿效应和花斑位置效应等。在遗传学上，XY型动物在X染色体上剂量补偿效应存在3种类型:一是其中1条X染色体失活，例如哺乳动物的雌性个体其中一条X染色体稳定失活;二是雌性两条X染色体转录活性减半，以保证两性间X连锁基因转录剂量的平衡，例如秀丽隐杆线虫等;三是有些动物的雄体通过其X染色体上的基因表达速率增加一倍以实现剂量补偿效应，如果蝇等。由于果蝇唾液腺多线染色体的巨大性等特点使其成为研究剂量补偿效应的优秀材料。通过近年对果蝇唾液腺多线染色体的研究发现，雄性X染色体转录速率加倍是由一个核蛋白复合体SL结合在X染色体上导致H4组蛋白第16位赖氨酸乙酰化实现的。在遗传学中，由于染色体畸变改变了一个基因与其邻近基因或邻近染色质的位置关系，从而使它的表型效应也发生变化的现象称为位置效应。这包括两种类型:一种是稳定型的位置效应，就是畸变后相应基因产生的表型效应稳定，如果蝇的棒眼是由于相关基因重复造成的;另一种是不稳定的位置效应，为嵌合型，称为花斑位置效应。

通过对产生花斑位置效应的果蝇唾液腺多线染色体研究发现，染色体畸变导致相应基因位置临近异染色质，但发生花斑位置效应的基因并没有改变，这可以通过重新诱导染色体畸变回复正常表型来验证。自然界中果蝇有1600多种，存在丰富的变异类型，并且比较容易进行新变异类型的诱导和筛选，所以可以基于果蝇唾液腺多线染色体进行分类和物种进化分析。该研究材料的贡献还在于结合原位杂交技术进行基因定位和推进了早期的果蝇和人类基因组测序工作的开展。

参考文献

1. 吴琼，林琳，张贵友．普通遗传学实验指导(第2版)[M].北京：清华大学出版社，2016.

2. 徐秀芳，张丽敏，丁海燕．遗传学实验指导[M].武汉：华中科技大学出版社，2013.

3. 杨大祥，程劼，许也，等．果蝇(*Drosophila melanogaster*)唾腺染色体的制备及染色体识别[J].中国农业大学学报，2014，19(1)：143-149.

4. 杨大翔．遗传学实验(第3版)[M].北京：科学出版社，2016.

5. Bridges C B. Salivary chromosome maps with a key to the banding of the chromosomes of *Drosophila melanogaster*[J]. Journal of Heredity, 1935, 26:60-64.

6. Prokofyeva-Belgovskaya A A. The structure of the Y chromosome in the salivary glands of *Drosophila melanogaster*[J]. Genetics, 1937, 22(94):94-103.

第四部分

细胞遗传学实验

实验7

细胞分裂过程的染色体制片与观察

染色体是生物遗传物质的载体，真核细胞染色体结构和数目是重要的遗传特征之一。染色体标本的制备作为细胞遗传学常用技术，是组型分析、原位杂交和染色体显带等实验的先决条件；临床上常应用于基因定位、性别鉴定、动植物育种、物种进化以及癌症和遗传性疾病的诊断。染色体的形态结构在细胞周期中是不断运动变化的，但在分裂期进行适当的取材和处理，便可在显微镜下观察染色体的变化特点和形态特征。

一、实验目的

(1)了解有丝分裂和减数分裂过程在遗传学中的意义和重要性。

(2)学习和掌握细胞有丝分裂和减数分裂染色体标本的制片技术与方法。

(3)通过观察进一步熟悉有丝分裂和减数分裂的过程以及它们在各个时期的染色体形态变化特征。

二、实验原理

有丝分裂(Mitosis)又称为间接分裂，是一种真核细胞分裂产生体细胞的过程，它促进细胞数目增加，核内各染色体准确地复制，子细胞与母细胞具有同样质量和数量的染色体，保证物种的连续性和稳定性，这种分裂方式普遍见于高等动植物。有丝分裂时，染色体呈现连续的、动态的变化，并具有周期性，从形成子细胞开始到再一次形成子细胞结束为一个细胞周期。一个细胞周期包括分裂间期和分裂期。分裂间期为分裂期进行物质准备，完成DNA复制和蛋白质的合成，分为G_1期、S期和G_2期。G_1期主要进行染色体蛋白质和DNA解旋酶的合成，S期进行DNA的复制，G_2期进行分裂期有关酶和纺锤丝蛋白质的合成。分裂期分为前期、中期、后期和末期。前期形态特征表现为染色体散乱分布，有同源染色体,无联会,每条染色体含2个姐妹染色单体;中期表现为有同源染色体,着丝点在赤道板上,每条染色体含2个姐妹染色单体;后期表现为着丝点分裂,姐妹染色单体分开,分别移向两极,每一极中都含有同源染色体;末期有同源染色体,无姐妹染色单体(图4-1)。

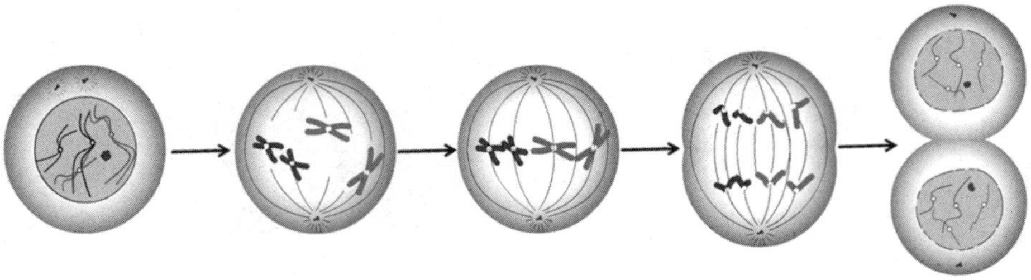

图4-1　动物细胞有丝分裂模式图

减数分裂(Meiosis)是一种特殊形式的有丝分裂,仅发生在配子形成过程中。染色体只复制一次,但连续进行两次核分裂,最后形成四个核(或雌、雄配子),每个核只含有单倍体数量的染色体,即相对于体细胞,其染色体数量减半,因此称为减数分裂(图4-2)。分裂过程中染色体结构也呈周期性变化,并在特定时期呈现出稳定的形态特征,因而这些时期有利于进行染色体形态、结构与数目鉴定。减数分裂也可分为两个阶段:分裂间期和分裂期。与有丝分裂相同,间期也分为G_1期、S期和G_2期,为分裂期进行物质准备。分裂期分为减数第一次分裂和减数第二次分裂,每次分裂都可分为前、中、后、末四个时期。前期I变化最为复杂,时间特别长,又可分为细线期、偶线期、粗线期、双线期和浓缩期(终变期)。这一时期出现同源染色体联会,核仁核膜消失,同源染色体非姐妹染色单体在这一时期可能发生交叉互换。中期I,同源染色体的着丝点对称排列在赤道板两侧,纺锤体形成。后期I,同源染色体分离,非同源染色体自由组合,分别移向细胞两极,染色体数目减半。末期I,核膜核仁形成,胞质分裂,细胞一分为二,形成次级精母细胞(或次级卵母细胞)和第一极体。前期II,次级精母细胞(或次级卵母细胞)中染色体缩短变粗再次聚集,再次出现纺锤体。中期II,染色体着丝点排列在赤道板上,每条染色体有两条染色单体。后期II,着丝点分裂,染色单体分离,分别移向两极。末期II,染色体逐渐解螺旋变为细丝状,核膜核仁形成,胞质分裂,细胞一分为二,形成精细胞(或卵细胞)和第二极体。减数分裂过程中出现的染色体的同源配对、非姐妹染色单体间片段交换、同源染色体相互分离等一系列独特行为,为远缘杂种分析及三大遗传定律的论证等遗传研究提供了直接或间接的证据。

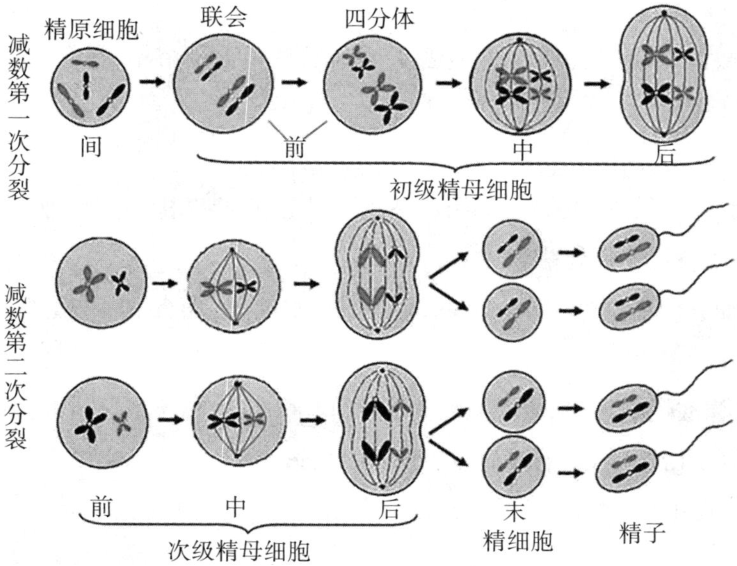

图4-2　动物细胞减数分裂模式图（以雄配子为例）

由于有丝分裂的中期染色体具有典型的形态特征，易于辨认和区分，并易于计数，因此制作染色体标本常选取处于分裂中期的细胞。动物的骨髓中存在大量有丝分裂活动旺盛的细胞，是染色体制备的理想材料。给动物注射特异性作用于微管系统的秋水仙素，抑制纺锤体的形成，使细胞分裂停止在中期，再通过低渗、固定、制片、染色等处理，可获得许多处于分裂中期的染色体。

睾丸是雄性动物生殖细胞发育和成熟的部位，是产生精子的器官。哺乳动物在性成熟以后，睾丸中的性细胞总数在分期分批地不断成熟，曲细精管从外到内依次分布有精原细胞、初级精母细胞、次级精母细胞、精子细胞以及形态渐变中的精子。取睾丸内的曲细精管进行固定，然后制片染色，可以获得减数分裂过程中各个时期染色体的标本。同样给动物腹腔注射适量的秋水仙素溶液可阻止分裂细胞纺锤丝的形成，从而抑制生殖细胞的减数分裂，增加中期分裂相细胞的数目，此方法可用来进行减数分裂过程中染色体的计算与观察。

三、实验材料

1.材料

性成熟的健康小白鼠、载玻片、盖玻片、离心管、5 mL注射器、6号针头、乳头吸管、吸水纸、纱布、擦镜纸。

2.仪器

冰箱、显微镜、计时器、离心机、托盘天平、染缸、恒温水浴箱、量筒、小烧杯、解剖盘、解剖剪、镊子、解剖针、试管架、酒精灯、染色板。

3.试剂

秋水仙素、柠檬酸钠、浓盐酸、KCl、冰醋酸、甲醇、改良苯酚品红溶液、Giemsa原液、磷酸缓冲液、70%酒精、95%酒精等。

(1)秋水仙素溶液(100 μg/mL):称取1 mg秋水仙素,加入10 mL蒸馏水溶解,4 ℃冰箱中保存。

(2)2%柠檬酸钠溶液:称取柠檬酸钠2 g,加100 mL双蒸水溶解即可,室温保存。

(3)1 mol/L HCl溶液:量取浓盐酸8.33 mL,加蒸馏水稀释至100 mL。

(4)0.075 mol/L KCl溶液:称取5.59 g KCl,加入1 L蒸馏水溶解即可。

四、实验方法

(一)小鼠骨髓细胞有丝分裂染色体标本的制备与观察

1.秋水仙素处理

实验前3~4 h,按动物每克体重2~4 μg的剂量,经腹腔注射秋水仙素。

2.收集骨髓细胞

用损伤脊髓法处死经秋水仙素处理的小鼠,用剪刀剪掉大腿上的皮肤和肌肉,暴露出股骨及其两端的关节,然后从两端关节头处剪掉关节取出股骨,并进一步清除股骨上残余的肌肉。剪掉股骨两端膨大的关节头,露出骨髓腔,用盛有柠檬酸钠溶液的注射器插入股骨的上端,将骨髓细胞冲洗到离心管中,可反复吹洗,直到股骨变为白色为止。

3.低渗处理

将收集的骨髓细胞悬浮液置于离心机,1000 r/min离心10 min,弃上清液。加入0.075 mol/L KCl溶液6~8 mL,马上用吸管轻轻吹打将细胞团吹打均匀,在37 ℃的恒温水浴箱中静置30 min,中间可用吸管吹打1~2次。

4.固定

沿管壁加入6 mL新配的甲醇冰醋酸固定液(体积比3∶1),立即用吸管吹打成细胞悬液,室温固定30 min后,1000 r/min离心10 min,弃上清液。重复上述固定和离心操作,完成第二次固定,并弃去上清液。再加入体积比1∶1的甲醇冰醋酸固定液进行第三次固定,用吸管吹打成细胞悬液,室温固定20 min后,1000 r/min离心10 min,弃上清液,留下约为0.2 mL的细胞团。最后再加入1∶1的甲醇冰醋酸固定液2~4滴,视细胞体积适当增减滴数，约为细胞体积的5倍，用吸管吹打成细胞悬液。

5. 滴片

用镊子取出预先预冷（冰水中）的干净载玻片，滴2~3滴细胞悬液于蘸有冰水的载玻片上，立即用吸管向同一方向吹气，使细胞迅速分散均匀，将制片平放或者45°斜放，然后置酒精灯上微微加热干燥或自然干燥。

6. 染色

将2~3个制片反扣在洁净的染色盘上，用Giemsa染液（用磷酸缓冲液稀释至Giemsa原液浓度的1/9）进行扣染，用吸管将约3 mL染液缓慢加入制片下，注意不要有气泡产生。染色30 min后，蒸馏水冲洗，空气中自然干燥。

7. 镜检

在显微镜下观察不同分裂时期的染色体。

（二）小鼠精巢减数分裂染色体制片与观察

1. 秋水仙素处理

实验前3~4 h，按动物每克体重2~4 μg的剂量，经腹腔注射秋水仙素。如果要观察减数分裂全过程，可忽略此步骤。

2. 取精巢固定

用损伤脊髓法处死小鼠，然后在解剖板上固定四肢，剖开腹腔取出睾丸。用2%柠檬酸钠溶液洗净后，放入甲醇冰醋酸固定液中固定12 h（曲细精管固定30~60 min）。若暂时不用，可先用95%酒精清洗2次，然后放入70%酒精中4 ℃保存备用。

3. 酸解

剪开睾丸外层的被膜和白膜，用尖头镊子将细线状的曲细精管挑出。曲细精管粗端远离输精管，细胞分裂旺盛，细端靠近输精管，多已生成精子。因此，切取较粗端，约为全长的1/3~1/2，蒸馏水洗净，用1 mol/L HCl溶液酸解2~5 min后，蒸馏水多次冲洗避免HCl溶液影响后续染色。

4. 染色

将改良苯酚品红溶液滴加在染色板窝内，把酸解好的材料放入其中，染色15~30 min。

5. 压片

挑取3条已染色的曲细精管放于载玻片上，滴2滴染液，加盖玻片，吸去多余的染液；在盖玻片上覆盖一张干净的吸水纸，用拇指压盖玻片，或一手固定盖玻片和载玻片，另一手用铅笔的橡皮头垂直敲打，使细胞分散压平。

6. 镜检

在显微镜下观察不同分裂时期的染色体。

五、实验结果分析

(1)在低倍镜下找到中期分裂相的细胞，在中倍镜下选择分散适度、长度适中、不重叠的染色体的分裂相，转用油镜(100×)进行观察。观察小鼠染色体的形态特征，识别着丝点、染色体和染色单体。

(2)观察减数分裂I分裂各期的时相，可观察20对同源染色体相互配对的现象，其中19对常染色体呈环状连接，Y染色体表现出深染现象。

六、思考题

(1)思考实验流程及实验中要注意的问题。

(2)绘制小鼠骨髓细胞有丝分裂中期分裂相图，注明染色体数、形态特征和性别。

(3)绘制小鼠生殖细胞减数分裂过程的简图。

七、实验拓展

(1)在任何一个物种的染色体组中，都会有一对或者多对染色体具有一种称为次缢痕的结构。请查阅文献，描述这一结构的形成及特点，并了解次缢痕与核仁的形成有何关系。

(2)在细胞分裂中期相中，是否可以根据染色体的形态结构将各条染色体区分开来？请查阅文献，了解细胞遗传学研究进展，并从中找出能够准确识别每条染色体的技术手段。

参考文献

1. 李国珍 . 染色体及其研究方法[M]. 北京：科学出版社，1985.

2. 李凤霞 . 遗传学实验指导及图谱[M]. 长春：吉林人民出版社，2006.

3. 潘承湘 . 细胞减数分裂过程的阐明与 H. Henking 的重大贡献[J]. 自然科学史研究，1985，4(4)：377-390.

4. 吴常信 . 动物遗传学[M]. 北京：高等教育出版社，2009.

5. Whitehouse H L K. Towards an understanding of the mechanism of heredity[M]. London: Edward Arnold Ltd.，1965.

实验8 哺乳动物外周血淋巴细胞培养与染色体制备

为了确定哺乳动物在遗传结构上的变异情况，需要制备染色体并对其进行观察和分析。哺乳动物外周血淋巴细胞的培养是制备动物染色体的主要方法之一，其优点是取材方便、用血量少、操作简便，可对同一个体进行连续观察，得到优良的染色体制片。淋巴细胞的培养过程中，还可观察多种因素（如病毒、化学药物、电离辐射等）的效应，从而可进行多种在体内无法完成的研究。因此，该方法在遗传学、临床医学、药理学等领域的研究中得到广泛应用。

一、实验目的

（1）了解并掌握哺乳动物外周血淋巴细胞培养的原理与方法。

（2）掌握哺乳动物染色体标本制备的方法。

（3）观察哺乳动物染色体的形态和数目。

二、实验原理

在哺乳动物外周血的淋巴细胞中，以小淋巴细胞为主。通常情况下它们都处于细胞分裂间期的G_1期（DNA合成前期）或G_0期（静息期），很少见到分裂相。1960年Nowell发现，能使红细胞凝集的物质——植物凝集素（phytohaemagglutinin，PHA）是淋巴细胞有丝分裂的刺激剂，它能促使处于G期的淋巴细胞转换为淋巴母细胞，从而进行有丝分裂。秋水仙素是细胞有丝分裂的阻断剂，可通过干扰微管组装而抑制纺锤丝形成，使细胞分裂不能顺利进入后期而停滞于中期，从而可以在短期内积累大量适于进行染色体分析的中期分裂相，经低渗、固定、制片、染色后镜下观察进行核型分析。细胞置于低浓度的KCl溶液中进行处理的目的是使水分通过细胞膜向细胞内渗入，导致细胞膨胀，染色体进一步分散，互不重叠而利于分析。固定的目的在于尽快使细胞的结构固定于接近存活的状态，以便后续的制片染色。

三、实验材料

1.材料

哺乳动物（猪）的新鲜外周全血、离心管、吸管、载玻片、滤纸。

2.仪器

超净工作台、恒温培养箱、高压蒸汽灭菌锅、移液器、水浴锅、分析天平、显微镜、低速离心机、pH计、过滤器、一次性注射器、试管架、量筒、培养瓶、酒精灯、烧杯、容量瓶、切片盒等。

3.试剂

RPMI-1640培养基、胎牛血清、肝素、秋水仙素、PHA、青霉素、链霉素、$NaHCO_3$、KCl、NaCl、$Na_2HPO_4 \cdot 12H_2O$、KH_2PO_4、Giemsa原液、甲醇、冰醋酸、盐酸、甘油等。试剂配制方法如下：

（1）0.01mol/L磷酸盐缓冲液（PBS，pH=6.8）：称取NaCl 8 g，KCl 0.2 g，$Na_2HPO_4 \cdot 12H_2O$ 3.63 g，KH_2PO_4 0.24 g，溶于900 mL去离子水中，用盐酸溶液调pH至6.8，加水定容至1 L，于高压蒸汽灭菌锅121 ℃灭菌20 min，保存于室温或4 ℃。

（2）5% $NaHCO_3$溶液：称取$NaHCO_3$ 5 g，溶于100 mL去离子水中。

（3）100×双抗（100×青霉素-链霉素混合溶液）：取青霉素100万单位、链霉素100万单位溶于灭菌的去离子水中定容至100 mL，分装保存于-20 ℃冰箱。

（4）1 mg/mL PHA溶液：称取PHA 50 mg溶于50 mL生理盐水，过滤除菌。

（5）1% 肝素溶液：称取0.1 g肝素粉末溶于10 mL生理盐水中，高压蒸汽灭菌20 min，放入4 ℃冰箱保存，常用量为1∶20（肝素溶液∶全血）。

（6）40 μg/mL秋水仙素溶液：称取秋水仙素1 mg加入25 mL冷去离子水，过滤除菌。

（7）RPMI-1640完全培养基：量取RPMI-1640 76 mL、小牛血清20 mL，1 mg/mL的PHA 2 mL，1%肝素溶液1 mL，100×青霉素-链霉素混合液1 mL，用5% $NaHCO_3$调节pH至7.2~7.4，过滤除菌后分装于灭菌瓶。

（8）0.075 mol/L KCl溶液：称取0.559 g KCl，加蒸馏水80 mL溶解，定容至100 mL容量瓶，室温保存。

（9）固定液：甲醇与冰醋酸按照3∶1混合，现配现用。

（10）Giemsa染液：量取66 mL甘油，称取1 g Giemsa粉放入研钵中，先加入少量甘油，研磨至无颗粒为止，然后将剩余的甘油全部倒入，放入56 ℃烘箱中2 h，再加入甲醇66 mL，充分搅拌，用滤纸过滤，即为Giemsa母液，配制好的染液置于棕色瓶中保存。一般刚配制的母液染色效果欠佳，保存时间越长越好。

（11）Giemsa工作液：按1∶9比例取Giemsa原液和0.01 mol/L磷酸盐缓冲液混合即为染色工作液。

四、实验方法

1.采血及接种培养

用无菌注射器吸取肝素50~100 μL湿润管壁。用碘酒和乙醇消毒猪的皮肤，自前腔静脉或耳静脉采集外周静脉血5 mL。在超净工作台中预先将5 mL RPMI-1640培养液加入消毒好的小培养瓶中，再滴加0.3 mL全血，水平摇动混匀，置于37 ℃恒温培养箱中培养72 h。

注意事项：接种的血样越新鲜越好；培养过程中每隔12 h摇匀1次，以免细胞凝集。

2.秋水仙素处理

终止培养前2~4 h，在培养物中加入浓度为40 μg/mL的秋水仙素0.0125~0.05 mL，使终浓度为0.1~0.4 μg/mL，轻轻摇动培养瓶，使秋水仙素混匀，置于培养箱中继续培养。

3.收集细胞

培养结束后从培养箱中取出培养瓶，用吸管将培养物混匀并全部转移至15 mL离心管中，1000 r/min离心8~10 min，弃掉上清液。

4.低渗处理

在离心管中加入温育的低渗液（0.075 mol/L KCl溶液）8 mL，用吸管将细胞团吹散成细胞悬液，置于37 ℃水浴锅中处理30 min，使红细胞破碎，白细胞膨胀。以1000 r/min离心10 min，弃上清液。

5.固定

沿管壁缓缓加入2 mL固定液，用滴管轻轻吹打细胞团块，使其在固定液中悬浮均匀，静置固定15 min，1500 r/min离心10 min，弃上清液。加入5 mL固定液，滴管轻轻吹打后静置15 min，1500 r/min离心10 min，弃上清。再加入5 mL固定液，吹打均匀并在室温固定15 min以上（过夜也可以）。1500 r/min离心10 min，弃上清液。

6.滴片

加固定液0.2 mL，用滴管吹散细胞团块，制成细胞悬液。将预冷的载玻片放置于从冰箱中取出的冰盒上，自高处（1 m以上）滴加细胞悬液，每片载玻片上滴加1~2滴，轻轻吹散，在酒精灯火焰上微微烤干。

注意：滴片要有一定高度，以便细胞分散；避免两滴细胞悬液掉在同一点上；在滴片的正反面做好标记，以便染色。

7.染色

取干燥好的滴片放入染缸，加适量Giemsa染液染色30 min后，用蒸馏水细流冲洗，晾干或微热烤干。

注意：避免形成染液氧化膜；若发现有染液氧化膜，可用PBS冲洗后，再用蒸馏水细流冲洗。

8.镜检

在低倍镜下检测制片及Giemsa染色的总体效果，寻找中期分裂相多的视野，转高倍镜观察（猪细胞分裂中期染色体，$2n=38$，XY）；选择分散适度、不重叠的染色体分裂象，在油镜下仔细观察或显微摄影，以便进行核型分析。

9.封片

制好的载玻片标本如需要保存较长时间，可用封固剂加以封固，与外界隔绝。

五、实验结果分析

（1）结果记录。

①一个视野中观察到的细胞总数：________________________；

②一个视野中观察到的分裂象细胞数：________________________；

③一个视野中观察到的中期分裂象数：________________________；

④一个视野中良好的中期分裂象数：________________________；

⑤细胞分裂指数=细胞分裂相数/细胞总数×100%：________________________。

（2）根据实验结果，评价制作的猪染色体标本的效果，并分析实验过程中存在的问题。

六、思考题

（1）哺乳动物的其他细胞是否可用来制作染色体标本？

（2）淋巴细胞培养及染色体制备过程有哪些注意事项？

七、实验拓展

1820年，P S Pelletier和J B Caventou两位法国化学家从百合科植物秋水仙的种子和球茎中提取出了秋水仙素。1937年，美国学者布莱克斯利（A.F.Blakeslee）等用秋水仙碱加倍曼陀罗等植物的染色体获得成功以后，秋水仙碱就被广泛应用于细胞学、遗传学的研究和植物育种中。秋水仙素在细胞染色体制备中具有重要作用，查阅文献，了解秋水仙素如何使细胞分裂停留在中期而使染色体加倍。

参考文献

1. 王玲，罗宗刚. 动物遗传育种学实验教程[M]. 重庆：西南师范大学出版社，2015.

2. Gosden J R. Chromosome Analysis Protocols[M]. Humana Press, 1994.

3. 韩晶，李洋. 外周血淋巴细胞培养及制备染色体G显带的技术研究[J]. 中国实验诊断学，2011，15(7):1177-1178.

4. 曹海涛. 染色体外周血淋巴细胞培养中的几点体会[J]. 现代中西医结合杂志，2007, 16(30) : 4485.

实验9

人类巴氏小体的观察

1949年，M.L.Barr等发现雌猫神经元细胞核膜内有一个凝缩的深染小体，而雄猫神经细胞中则没有这种结构。1955年，M.L.Barr在女性口腔上皮细胞中也观察到了这一深染小体，通过进一步研究发现所有雌性哺乳动物细胞中均存在这种结构。1971年，这种结构被命名为巴氏小体，又称性染色体小质或X小体等。

一、实验目的

（1）掌握巴氏小体标本制作的简易方法。

（2）观察识别巴氏小体的形态特征及所在部位。

二、实验原理

巴氏小体是由雌性哺乳动物体细胞中失活的X染色体在间期细胞核中呈异固缩状态，即染色质高度螺旋化，形成直径约为1.5 μm、紧贴核膜内缘的染色小体，呈现三角形或椭圆形。

人类有23对染色体，包括22对常染色体和一对性染色体。女性的性染色体为XX，男性为XY。女性和男性的常染色体数量是一样的，所含基因的数量也相等；而性染色体中女性含有两条X染色体，男性为一条X和一条Y染色体，X染色体中含有大量的基因，Y染色体中仅含有很少数量的基因，因此女性性染色体所携带的基因数量远高于男性。然而研究发现女性的性遗传基因的表达量与男性大体相等，这主要是由剂量补偿效应（dosage compensation effect）导致的。

剂量补偿效应是指在XY性别决定机制的物种中，使性连锁基因在雌雄两种性别中有相等或近乎相等的有效剂量的遗传效应，即在雌性和雄性动物的体细胞中，由X染色体所携带基因编码产生的蛋白质产物在数量上相等或近乎相等。剂量补偿效应存在两种情况：雌性动物只有一条X染色体具有活性，另一条X染色体失活，异染色质化，形成巴氏小体，使雌雄动物虽然X染色体数量不同但基因产物的剂量取得均衡。异染色质化的X染色体可以来自父亲，也可来自母亲。但在生殖细胞发生时，失活的X染色体会恢复活性；另一种就是雌性动物细胞的X染色体都具有活性，但其转录速率不同，如蝇雌性细胞的X染色体转录速率低于雄性细胞X染色体的转录速率。

巴氏小体的数目在体细胞间期核中的数量等于X染色体数目减1。即正常女性的体细胞间期核中巴氏小体数量为1，正常男性的体细胞间期核中巴氏小体数量为0。而XXX女性的体细胞间期核中巴氏小体数数量为2，XXXX女性的体细胞间期核中巴氏小体数量为3。观察巴氏小体的有无和数目是检测X染色体数是否产生变异的快捷方法。利用这一方法，可进行胎儿性别鉴定、性别畸形鉴定和智力缺陷鉴定。

由于取材和制片简单，采用人口腔颊部黏膜上皮细胞涂片检测巴氏小体在临床及研究中被广泛使用。本实验以人口腔颊部黏膜上皮细胞、发根毛囊细胞为材料制备巴氏小体标本，通过品红染色、压片等方法观察巴氏小体。

三、实验材料

1. 材料

男性或女性口腔颊部黏膜细胞、发根毛囊细胞，盖玻片、载玻片、牙签、吸水纸、吸管、记号笔等。

2. 器材

显微镜、解剖针、镊子。

3. 试剂

改良苯酚品红染液、浓盐酸、蒸馏水、45%醋酸等。

1 mol/L HCl溶液：用量筒量取浓盐酸8.33 mL，加蒸馏水稀释至100 mL。

四、实验方法

1. 口腔颊部黏膜细胞的制片

取一个清洁灭菌的载玻片，在将要涂细胞的一面做上标记。先用清水将口腔漱净，然后用牙签钝头从口腔两侧颊部刮取上皮黏膜细胞，弃去第一次得到的刮取物，在原位刮取2~3次，涂抹在载玻片上，获取的细胞尽量多且平铺于载玻片上。等载玻片晾干后，用1 mol/L盐酸溶液解离10 min。之后弃去盐酸溶液，在载玻片标记面用水轻轻冲洗1~2

次,然后用改良苯酚品红染液染色5~8 min,漂洗并且晾干后压片,放置冰箱内保存。

2.发根毛囊细胞的制片

拔取一根毛根比较大的毛发,毛发可来自头部或其他部位(如手臂上的毛发),尽可能选用白色或浅色的毛发。自基部截取2 cm左右放置在载玻片中央,并滴一滴45%醋酸,将毛根完全浸渍其中,解离5 min。待毛根稍软用镊子和解剖针将毛干除去,将剩下的毛囊组织均匀摊平在载玻片上并晾干。用改良苯酚品红染液染色10 min左右,然后压片。

3.巴氏小体辨认

先在低倍镜下进行观察,找到形态较清晰的细胞后再转用高倍镜观察。低倍镜下观察标准:核无缺损,核质呈网状或细颗粒状分布,核膜清晰;染色适度,周围无杂质。巴氏小体形态特征表现为一结构致密的浓染小体,轮廓清晰,一般靠近核膜边缘,大小约1.5 μm,形状呈三角形、卵圆形、短棒形、月牙形等(图4-3)。

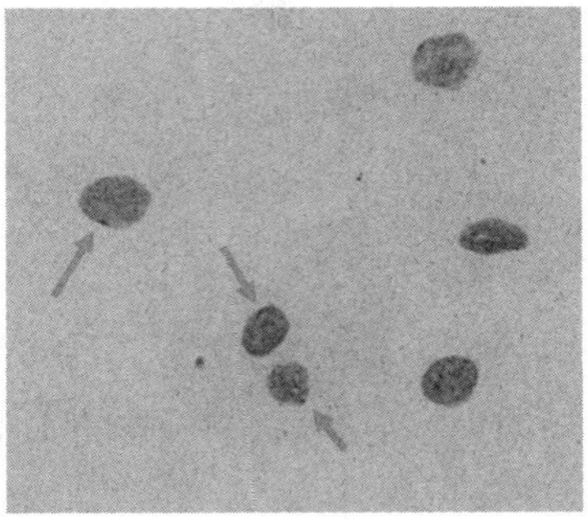

图4-3　女性口腔上皮细胞巴氏小体观察

五、实验结果分析

(1)观察50个女性可计数的细胞,计算存在巴氏小体细胞所占比例。

(2)绘制5个典型细胞,指明巴氏小体的形态部位。

六、思考题

(1)男性没有巴氏小体的理论基础有哪些?

(2)男性实施变性手术后有无巴氏小体?

(3)性别畸形的染色体模式可能有几种?

七、实验拓展

很多喜欢猫的人都听说过三花猫这个名字,而且基本上所有的三花猫都是雌性。所谓的三花猫就是身上有黑、红(橘)和白三种颜色的猫,三花猫指的是花色,并不区分种类。那么三花猫的形成原因和巴氏小体有什么关系呢?

决定猫毛色的基因有两种:一种是产生色素的基因,一种是阻止毛发产生色素的斑点基因。斑点基因(S)可以使任何颜色的猫都产生白点,而且这个基因属于不完全显性遗传。例如SS产生的白色区域会比Ss产生的面积大。而决定基本毛色的色素有两种：真黑素和褐黑素，真黑素表现为黑色，而褐黑素表现为红棕色，控制这种色素产生的基因位于X染色体，E酶能够控制这两种色素的前体物转化成对应的色素。当E酶有活性时，前体物质转化为黑色素，毛色会表现为黑色；E酶失活时前体物质转化为褐黑素，毛色就变成红棕色。假如一条X染色体携带的色素基因表现红棕色，另一条X染色体携带的色素基因表现为黑色，那么雌猫在胚胎阶段X染色体失活完成后，一部分细胞只带有“红棕色”的X染色体，另一部分细胞只带有“黑色”的X染色体，这样就会使得雌猫的毛色表现为三种颜色。

参考文献

1. 仇雪梅，王有武．遗传学实验[M]. 武汉：华中科技大学出版社，2015.

2. 李凤霞．遗传学实验指导及图谱[M]. 长春：吉林人民出版社，2006.

3. 乔守怡．遗传学分析实验教程[M]. 北京：高等教育出版社，2008.

4. 张文霞，戴灼华．遗传学实验指导[M]. 北京：高等教育出版社，2007.

5. Barr M L, Bertram E G. A morphological distinction between neurones of the male and female, and the behavior of the nucleolar satellite during accelerated nucleoprotein synthesis[J]. Nature, 1949, 163(4148): 676-677.

实验10

哺乳动物染色体G带染色技术

在细胞遗传学研究中，普通的染色方法只能将染色体的臂均一染色。当一个染色体组中有若干个臂长、臂比值很接近的染色体时，则很难将其区分开。一些研究者发现了三体染色体畸变，但不能通过普通染色法来准确辨别出究竟是哪一条染色体发生变化，如法国遗传学家Lejeune在1959年发现了Down综合征患者染色体数是47，但无法确定是由于哪一条染色体发生异常导致。因此，准确识别染色体成为细胞遗传学发展的瓶颈。

1968年，瑞典细胞生物学家Caspersson等人应用荧光染料氮芥喹丫因(quinacrine mustard, QM)处理染色体后，在荧光显微镜下可观察到染色体沿其长轴显示出一条条宽窄和亮度不同的横纹，这种分带技术被命名为Q带(Q-banding)。荧光分带技术使得大量物种的染色体得以准确鉴定。如小鼠的染色体全是端着丝粒染色体，大小相似，而荧光分带技术使小鼠的这20对染色体得到准确辨别。但是，这项技术同样也有一定的限制性和弊端。如荧光带纹存在时间短，不能长期保存，且不能使染色体末端着色，而且还必须通过荧光显微镜来进行观测。在这种情况下，科学家们发明了G显带技术，该技术逐渐替代荧光分带技术并得到了广泛应用。

一、实验目的

掌握哺乳动物染色体G显带技术。

二、实验原理

染色体显带(chromosome banding)指借助于特殊的染色程序使染色体在一定部位内显现出明暗交替或深浅不一的带纹，该带纹也称为染色体的带。染色体显带机制尚存在争论，但普遍认为由以下三个因素影响：①染色体中存在高度重复的DNA序列(如AT和

GC);②组成染色体的蛋白质;③DNA的含量及浓缩程度。由于每条染色体的DNA序列、蛋白质组成及DNA含量是固定且独特的,因此显带的宽窄和明暗程度也是独一无二的,这就构成了染色体的带型。

染色体的显带技术可根据显带部位分成两类:一类为整条染色体的显带技术,如G带、Q带等;另一类是局部染色体的显带技术,如C带、NOR带等。这其中,G带是被广泛应用的一种带型。G显带技术又称为改良版吉姆萨染色法。经研究发现,染色体标本经盐、碱、热、胰酶或蛋白酶、尿素及去垢剂等处理后,再用改良的吉姆萨染液染色,可获得理想的分带类型。G显带技术具有设备要求低、试剂便宜、观察方便及标本易保存等优点,为染色体结构研究、遗传疾病的诊断及基因定位等工作提供了极大的便捷。

三、实验材料

1.材料

制作好的染色体标本、吸管、滤纸等。

2.仪器

显微镜、恒温水浴锅、电子天平、立式染缸、量筒。

3.试剂

Giemsa原液、浓盐酸、磷酸缓冲液、NaCl、KCl、$Na_2HPO_4\cdot 12H_2O$、KH_2PO_4、胰蛋白酶、生理盐水、蒸馏水等。

(1)Giemsa染液:Giemsa原液与磷酸缓冲液以体积比1:9进行稀释。

(2)0.2 mol/L HCl溶液:用量筒量取浓盐酸1.67 mL,加蒸馏水稀释至100 mL。

(3)ICN溶液:称取NaCl 0.8 g、KCl 0.2 g、$Na_2HPO_4\cdot 12H_2O$ 0.3 g、KH_2PO_4 0.2 g,溶于100 mL蒸馏水中。

(4)0.25%胰蛋白酶溶液:称取0.25 g胰蛋白酶溶于100 mL ICN溶液中。

四、实验方法

(1)将常规制备的未染色的动物或人染色体标本置于70 ℃烘箱烤片2 h,然后转入37 ℃培养箱中备用。一般在7 d内进行显带。也可直接将染色体标本置于室温下1周左右,再置于70 ℃烘箱中烤片2 h,然后降至室温待用。

(2)将染色体标本浸入预热的0.25%胰蛋白酶液中,处理1~2 min,需保证胰蛋白酶作用均匀。取出载玻片,用生理盐水漂洗2次。

(3)将漂洗后的载玻片浸入37 ℃预热的Giemsa染液中染色10 min,自来水小心冲洗,晾干。

(4)室温干燥后即可进行镜检。在低倍镜下选择分散良好的长度适中的分裂象,再用油镜观察。对于制作良好、染色体带型清晰的片子,可用中性树胶封片,长期保存。

五、实验结果分析

(1)仔细观察和辨别染色体G带标本。

(2)利用图片编辑软件排列G带核型图,并进行核型分析。

(3)绘制哺乳动物核型模式图。

六、思考题

(1)查阅Q带和R带的显带原理和方法,比较G带与这两种方法的异同。

(2)G显带的哺乳动物染色体核型分析的主要依据是什么?

七、实验拓展

【拓展阅读】常见的人染色体突变分为两类:数量畸变,包括整倍体和非整倍体畸变,染色体数目增多、减少和出现三倍体等;结构畸变,包括染色体缺失、易位、倒位、插入、重复和出现环状染色体等。结构畸变又可分为常染色体畸变,如Down(21三体)综合征(唐氏综合征)、Patau(13三体)综合征和Edward(18三体)综合征(爱德华氏综合征)等,以及性染色体畸变,如Turner综合征(XO)和先天性睾丸发育不全等。

(1)Down综合征,也称21三体综合征和先天愚型。这是人类最常见染色体异常的染色体疾病,新生儿发病率为1/700~1/600,是精神发育迟滞最常见的原因。Down综合征患儿有着明显且特殊的面容体征,常呈现嗜睡和进食困难,随着其年龄增长,智力明显降低,患儿还常伴有先天性心脏病。

(2)Patau综合征,也称为13三体综合征。新生儿中的发病率约为1/25000,且女性明显多于男性。患儿的畸形和临床表现要比21三体综合征严重得多,常表现为前脑发育缺陷,眼球小,鼻宽且扁平,常有唇裂或腭裂。脑和内脏的畸形非常普遍,如无嗅脑,心室或房间隔缺损,多囊肾、肾盂积水等。智力发育障碍普遍且程度严重,存活下来的患儿还有癫痫样发作,肌张力低下。

(3)Turner综合征,也叫作先天性卵巢发育不全。新生儿中发病率约为1/10000。主要是由于父亲的精母细胞性染色体不分离，性染色体上仅含有来自母亲的单一X染色体造成的。临床表现为身材较矮小，生殖器与第二性征不发育，智力发育程度不一，寿命与正常人相同。Turner患者的骨密度显著低于正常同龄女性。

参考文献

1.李宁．动物遗传学(第3版)[M]. 北京：中国农业出版社，2011.

2.卢龙斗，常重杰．遗传学实验技术[M]. 北京：科学出版社，2007.

3.王金发，戚康标，何炎明．遗传学实验教程[M]. 北京：高等教育出版社，2008.

4.Fedak G, Kim N S. Tools and methodologies for cytogenetic studies of plant chromosomes[J]. Cytology and Genetics. 2008, 42(3): 189–203.

实验11

哺乳动物骨髓细胞染色体标本制作

染色体的数目及形态在同一物种内是相对稳定的，而染色体上的基因几乎包含了决定该物种生长发育的所有遗传信息。真核细胞染色体的数目和结构是重要的遗传标志之一。通过染色体分析，可以了解某一物种最基本的遗传学特征。因此制备染色体标本无疑是细胞遗传学中最基本的技术，而理想的染色体制片也是其他现代科技运用的先决条件。

一、实验目的

(1)通过小鼠骨髓细胞染色体标本的制作，了解哺乳动物细胞染色体制片的原理。

(2)掌握哺乳动物染色体制片方法和技术。

(3)观察哺乳动物细胞染色体的数目和形态。

二、实验原理

染色体标本的制备一般选取细胞分裂旺盛的组织作为实验材料，如骨髓细胞、淋巴细胞或是人工培养的细胞。动物的骨髓是重要的造血器官，骨髓细胞中包含造血干细胞，它能分化出各种血细胞，具有高度的分裂能力。骨髓细胞的有丝分裂指数很高，对其进行制片能观察到较大比例中期细胞的分裂象。若经秋水仙素处理，使正在分裂的细胞不能形成纺锤体，细胞分裂停留在中期状态，可获得大量分裂细胞。

通过骨髓获取细胞染色体较为便捷，一般不需要进行体外培养，且操作环境无须灭菌。在临床上，这一方法多用于白血病的研究，如骨髓细胞染色体核型分析，是检测病情变化的重要指标，其能很好地对白血病进行分型，并对不同类型的白血病进行精确诊断和鉴别。在环境监测、药品检验、食品质量检测等工作中，通过骨髓细胞染色体制片法能通过对染色体的观察来了解相应物质的致畸、致癌、致突变等作用。

三、实验材料

1. 材料

小白鼠（20 g左右，雌雄均可）、载玻片（0~4 ℃预冷）。

2. 仪器

显微镜、离心机、恒温水浴锅、天平、染色板或染缸、移液器、解剖器具、注射器、烧杯、试管及试管架等。

3. 试剂

秋水仙素、柠檬酸钠、KCl、甲醇、冰乙酸、Giemsa原液、磷酸缓冲液、蒸馏水。

（1）秋水仙素溶液（100 μg/mL）：称取1 mg秋水仙素，加入10 mL蒸馏水溶解，4 ℃冰箱中保存。

（2）2% 柠檬酸钠溶液：称取柠檬酸钠2 g，加100 mL蒸馏水溶解即可，室温保存。

（3）0.075 mol/L KCl溶液：称取5.59 g KCl，加入1 L蒸馏水溶解即可。

四、实验方法

1. 秋水仙素处理

为了获得更多的细胞分裂中期染色体，通常在操作前3 h左右通过腹腔注射秋水仙素处理小鼠。秋水仙素的剂量根据小鼠的体重及其效价而定，一般为10~30 μg/g体重（如小鼠体重为20 g，则可注射0.1%的秋水仙素0.4 mL）。

注意：通过腹腔注射秋水仙素时，要控制好给药的剂量。秋水仙素毒性强，操作时需谨慎。

2. 骨髓获取

秋水仙素处理后2~3 h，以颈椎脱臼法处死小鼠。用手术刀和镊子剥离腿部的皮肤和肌肉，连同关节头一起将两侧的股骨和胫骨取出，剔去骨骼上残余的肌肉，用纱布擦净血污。然后分别剪掉股骨和胫骨两端膨大的关节头，露出骨髓腔。用注射器吸取37 ℃预热的低渗液，从骨髓腔一端注入，用10 mL离心管在另一端收集冲洗后的液体，直至股骨断面由红变白。

注意：获取骨髓细胞时，低渗液冲洗骨髓的速度要慢，以防组织块掉入离心管。

3. 低渗处理

将离心管中收集的液体1000 r/min离心10 min，加入适量低渗液，用移液器将细胞沉淀重悬，37 ℃培养箱内静置25 min。

4.细胞固定

将低渗处理后的细胞1000 r/min离心10 min，弃掉上清液。加入固定液（甲醇：冰乙酸=3∶1）5 mL，用移液器将细胞沉淀重悬，37 ℃下处理10 min。重复一次上述过程后，1000~1500 r/min离心10 min，弃上清，滴入数滴甲醇：冰乙酸为1∶1制成的固定液（滴加量根据细胞数量决定，一般固定液体积约为细胞体积的5倍），制成细胞悬液。

注意：使用低渗液时，需严格控制低渗液浓度、处理温度及时间。低渗过度会导致大量细胞提前破裂，染色体过度分散；低渗不足会造成制片后分散不好，染色体易重叠。

5.涂片

将载玻片提前置于4 ℃预冷，然后滴加2~3滴细胞悬液，立即用移液器或吸管吹打，使细胞尽量分散。将载玻片置于室温下自然晾干，也可用酒精灯适当加热载玻片加速干燥。

6.染色

将干燥后的载玻片放入装有10% Giemsa染液的染缸内染色10 min，或直接将染液滴于载玻片上染色。染色后，用水缓慢冲洗载玻片，洗去多余染料，但这个过程中需注意不要冲掉细胞。室温下晾干。

7.镜检

将染色后的载玻片置于显微镜下观察，先用低倍镜找到分散良好的中期分裂相染色体，再用高倍镜进行形态观察并计数。对于制作较好的涂片，可用中性树胶封片保存。

五、实验结果分析

制作良好的染色体标本片能观察到较为集中的所有染色体，且各个染色体分散均匀无重叠，染色体长度适中，可清晰地显示出着丝点的位置，染色体呈玫瑰红色。

观察小鼠细胞染色体数目、染色体的特征，识别着丝点、染色单体，绘制染色体模式图。

六、思考题

（1）要获得较好的中期分裂相需要注意哪些实验环节？

（2）为什么染色体标本的制备一般选用细胞分裂旺盛的组织？

七、实验拓展

（1）动物细胞染色体标本的制备在动物遗传学研究中有哪些应用及意义？

（2）在细胞染色体标本制备过程中，为了获得更多的细胞分裂中期染色体，最常用的试剂是秋水仙素。请查阅相关资料，了解秋水仙素的研究进展及其作用机理。

参考文献

1. 熊大胜. 现代生物学实验[M]. 长沙：中南大学出版社，2005.

2. 吴琼，林琳，张贵友. 普通遗传学实验指导（第2版）[M]. 北京：清华大学出版社，2016.

3. 徐秀芳，张丽敏，丁海燕. 遗传学实验指导[M]. 武汉：华中科技大学出版社，2013.

4. 张文霞，戴灼华. 遗传学实验指导[M]. 北京：高等教育出版社，2007.

5. Thomas R M，Robert L H. Genetics-laboratory investigations（12th edition）[M]. New Jersey: Prentice Hall，2001.

实验12

动物染色体的核型分析

核型分析是根据染色体的形态特征、大小、显带情况，在对每条染色体进行准确识别的基础上进行染色体的分组、配对。在染色体制片和显带的基础上，通过核型分析和带型分析，能准确识别各个染色体的特征，了解不同物种、同一物种不同亚种或家畜不同品种，甚至同一品种不同个体之间染色体结构的差异。

一、实验目的

（1）辨认并描绘染色体的形态特征。

（2）了解染色体核型及染色体数目、结构变异与生物进化的关系。

（3）学习和掌握核型分析的基本方法。

二、实验原理

每个物种都有其特定的染色体数目，在世代传递中，染色体数目维持相对稳定。每种生物个体中的每一个体细胞其染色体数目都是相同的，体细胞中的染色体数目是性细胞的2倍。染色体在复制以后，纵向并列的两个染色单体，通过着丝粒联结在一起。每一物种的不同染色体上着丝粒的位置是恒定的，着丝粒把染色体分为长臂和短臂，根据臂比将染色体分为四种形态：中着丝粒染色体（M）臂比为1.0~1.7，呈V形；近中着丝粒染色体（SM）臂比为1.7~3.0，呈L形；近端着丝粒染色体（ST）臂比为3.0~7.0，呈L形；端着丝粒染色体（T）的臂比在7.0以上，呈棒形（图4-4）。不同物种的染色体都有各自特定的形态结构特征（包括染色体的数目、长度、着丝点位置、臂比、随体大小等），而且这种形态特征是相对稳定的。

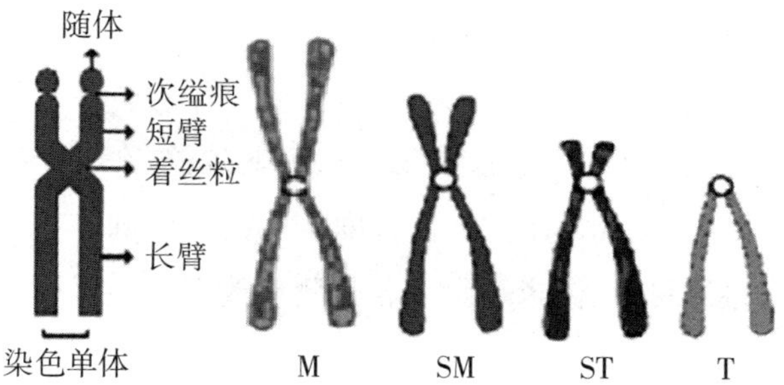

图4-4　染色体结构及类型

家猪染色体研究起始于20世纪初，由Wodsedalk（1913）首先报道。家猪染色体数量最初有38条和40条的争议，1961年Ruddle首次用体外细胞培养法证明了家猪染色体数为38条。1976年，在英国召开的第一届家猪染色体带型标准化国际会议上，首次提出家猪染色体G带带型模式图。

家猪染色体的分组与特征为：A组为近中着丝粒染色体（SM），共5条，编号1—5号，第1号染色体为最长的染色体。B组为近端着丝粒染色体（ST），共2条，编号6—7号。C组为中着丝粒染色体（M），共5条常染色体（编号8—12号）和1对性染色体X、Y。第8、10号染色体短臂靠近次缢痕。X为中着丝粒染色体（M），Y为中着丝粒染色体（M），在染色体组中长度最短。D组为端部着丝粒染色体（T），共6条，编号13—18号，13号染色体为染色体组中第二长的染色体。

三、实验材料

1.材料

制备的具有较多中期分裂相且染色体分散良好、图像清晰的猪外周血淋巴细胞染色体标本，坐标纸，绘图纸，胶水。

2.仪器

使用手工测量的，需要数码照片打印机、不锈钢尺、小剪刀、小镊子等；使用计算机图形测量的，准备计算机、图形测量软件（如Digimizer）。

四、实验方法

1.拍照与照片

将制作的细胞轮廓清楚，染色体集中而不重叠，主缢痕、次缢痕和随体清晰，显带清楚，染色体长度适中而不弯曲的染色体标本，通过显微摄影、拍摄成数码照片，并打印成纸质照片进行分析。也可利用Photoshop软件对数码照片进行分析，或者利用核型分析软件完成核型分析工作。

2. 染色体测量

目测照片上每条染色体长度，按长短顺序初步编号，写在每条染色体照片背面或旁边，测量并记录每条染色体的总长度、长臂长度、短臂长度、随体有无等。长度测定时在显微镜下用测微尺直接测量，以微米表示。若是测量放大后的照片，以毫米表示。

3. 计算

根据测定结果，计算出每条染色体的实际长度、相对长度、臂比、着丝粒指数。有随体的染色体，其随体长度和次缢痕长度可计入全长，也可不计入，但必须加以说明。将测量和计算的数据做好记录。

(1)臂比 $=\frac{\text{长臂长度}(q)}{\text{短臂长度}(p)}$

(2)染色体的绝对长度：从染色体一端到另一端的线性长度。常因分裂期的差异、前处理方法的不同而有所变化，因此绝对长度的数据也只具有相对意义。

(3)染色体组总长度=该细胞单倍体全部染色体长度(包括性染色体)之和。

(4)相对长度：每条染色体的绝对长度与正常细胞全部染色体总长度的比值，通常用百分比表示。相对长度不会因分裂期和前处理方法的不同而产生差异，因此是可靠的，染色体长度通常以相对长度表示。

$$\text{相对长度}=\frac{\text{每个染色体长度}}{\text{染色体组总长度}}\times 100\%$$

(5)着丝粒指数 $=\frac{\text{短臂长度}}{\text{该染色体长度}}\times 100\%$。

4. 配对

根据测量和计算的数据，即染色体的相对长度、臂比、着丝粒指数、次缢痕的有无及位置、随体的形状和大小等特征对染色体进行分类，并将同源染色体配对。

5. 排列核型图

配对的染色体按照从大到小的顺序重新编号和排列，如果染色体长度相等，以短臂长的在前，有特殊标记(随体)的染色体及性染色体排在最后。着丝粒排在同一水平线上，短臂在上，长臂在下。排列好后进行分析比较，确定其核型、带型是否正常。

6. 绘制核型模式图

根据之前的计算结果和排列的核型图，用绘图纸和坐标纸(坐标纸放在绘图纸下面)绘制核型模式图。横坐标为染色体序号，纵坐标为染色体(臂)的相对长度坐标，“0”为长、短臂的分界线，长臂在下，短臂在上，各个染色体依横坐标方向按序号排列。

7.模式照片

将所分析的质量较高的有丝分裂中期染色体完整照片粘贴在绘图纸上方正中，照片上注明放大倍数，并在照片上标出一个以 1 μm 为长度单位的标尺，以便目测出染色体实际长度，也便于他人评定核型分析的准确度。

8.Digimizer 软件测量染色体长度

Digimizer 是一款对图像进行测量分析的软件，常被用来分析医学图像，可以对图像内容进行手工精确测量，进行自动对象识别。图像可以是 X 光图片、显微照片等，支持 JPG、GIF、TIFF、BMP、PNG、WMF 和 EMF 多种格式。图像可以进行旋转、反转、拉伸等处理，可以对图像明暗、对比等进行调节。本实验只介绍染色体测量相关的常用菜单选项与按钮。

(1)常用菜单选项。

【file 菜单】open image：打开染色体图像。

【edit 菜单】undo：撤销。

【view 菜单】

Measurements list：显示测量数据表在右侧窗口。

Statistics：显示测量数据的统计数据在右侧窗口。

Measurements list columns：选择测量哪些数据指标。

Grid：显示网格线。

【Tools 菜单】

Options-show result after finalizing measurement：勾选后在图像上显示测量结果，便于直接在图像上比较。

(2)测量工具的图形按钮说明见表 4-1。

表 4-1　Digimizer　测量按钮说明

按钮图标	测量功能说明
	Select 选择 Allows to select existing measurement objects in the image. 点击选择现存的测量对象。
	Lock tool 锁定工具 When the lock is Open, the program returns to Select mode after performing a measurement using any of the tools below. Close the lock when you need to perform several measurements with the same tool. 未锁定情况下，上一次测量完成时，程序退回到工具选择状态，选择下一次测量工具。锁定情况下，不退回工具选择状态，将沿用上一次工具进行测量。

(续表)

按钮图标	测量功能说明
	Unit 单位 Draw line (click two points) to define the unit of measurement. 点击2个点,定义图距测量单位。
	Length 长度 Draw line to measure a length or distance. 测量直线的长度。
	Middle Point 中点 Draw line and mark middle point. 画出直线,标出中点。
	Angle 角度 Click 3 points to measure an angle. 鼠标点击3个点,测量角度。
	Perpendicular line 垂线 First click 2 points to draw a line. Next click a 3rd point to draw a second line perpendicular on the first line. The middle point of the second line is shown. 先点击2点画出一条直线,再点击第3点画出垂直于第一条直线的垂线,垂线的中点会显示。
	Path 路径 Click several points to obtain a path and calculate its total length. 点击多点形成路径,计算路径总长度。
	Area 面积 Click several points to obtain an area (closed path) and calculate its surface area and perimeter. 点击多点形成一个区域(封闭的路径),计算区域的面积与周长。
	Center 中心 Click several points and find their common center assuming they form a circle. 点击多个点,以这些点组成一个圆,确定其中心。
	Circle 圆形 Click a point to define the circle, move the mouse to the center of the circle and click. 点击一个点确定圆的圆周,移动鼠标,第二次点击定圆心。
	Rectangle 矩形 Measure a rectangle. 测量矩形。

（续表）

按钮图标	测量功能说明
	Marker/Counter 十字叉标记/计数标记 Click in the image to place a marker. 点击图像，放置十字叉标记。
	Marker/Counter 圆点标记/计数标记 Click in the image to place a marker. 点击图像，放置圆点标记。
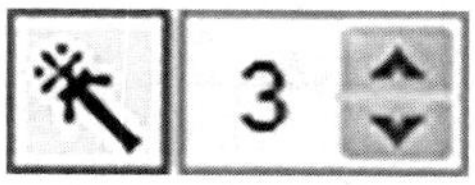	Magic contour 轮廓选择工具 Finds the contour of objects automatically. 根据轮廓自动选择对象。
	Color selection tool 颜色选择工具 Select color for measurement objects. 选择测量目标的颜色。

五、实验结果分析

（1）将测量和计算的结果填写在表4-2中。

表4-2　染色体测定与计算结果

暂编号	正式编号	短臂（p）	长臂（q）	绝对长度	相对长度	臂比	着丝粒指数	随体	染色体类型
1									
2									
3									
4									
5									
6									
7									
8									
9									
10									
11									

（续表）

暂编号	正式编号	短臂（p）	长臂（q）	绝对长度	相对长度	臂比	着丝粒指数	随体	染色体类型
12									
13									
14									
15									
16									
17									
18									
19									
20									
21									
22									
23									
24									
25									
26									
27									
28									
29									
30									
31									
32									
33									
34									
35									
36									
37									
38									

(2)根据测定和计算结果,制作猪的中期分裂相核型图并绘制核型模式图,描述实验所得核型的分析结果。

六、思考题

(1)简述染色体结构、数目变异的研究方法及其与生物进化的关系。

(2)核型分析有哪些用途?

(3)图4-5为唐氏综合征的核型图,分析其产生的原因。

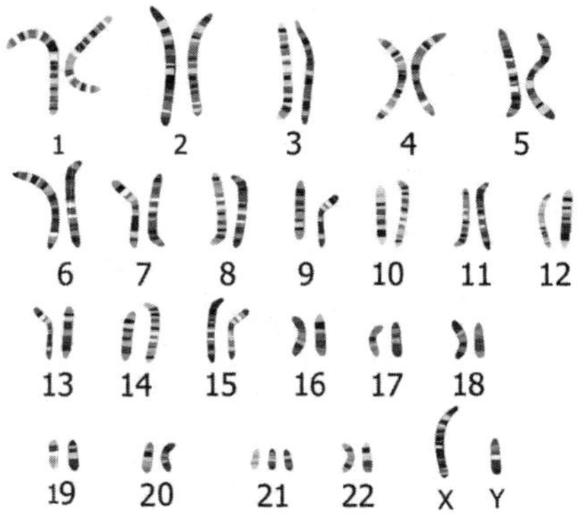

图4-5　唐氏综合征核型图

七、实验拓展

染色体核型分析技术在动物育种、研究物种间的亲缘关系、探讨物种进化机制、鉴定远缘杂种、追踪鉴别外源染色体或染色体片段等方面,都具有十分重要的利用价值。查阅文献,了解染色体核型分析在人类遗传疾病诊断中有哪些应用。

参考文献

1.顾志刚.东北野猪及其与家猪杂种猪的染色体核型和显带研究[D].哈尔滨:东北农业大学,2002.

2.陈文元等.中国家猪染色体[M].成都:四川大学出版社,1993.

3.李志惠.高坡猪的染色体核型及带型研究[D].贵阳:贵州大学,2007.

第五部分

群体与数量遗传学实验

实验13

家禽的伴性遗传

伴性遗传(sex-linked inheritance)是指由性染色体上的基因控制的性状，在遗传上总是和性别相关联的现象。许多生物都有伴性遗传现象，如人类的红绿色盲和血友病、果蝇的眼色等。伴性遗传的理论意义在于为基因位于染色体上提供了论据，其实践意义在于可根据伴性遗传规律预防某些伴性遗传疾病，同时还可以利用伴性遗传规律来指导生产实践。

一、实验目的

(1)了解伴性遗传和常染色体遗传的区别。

(2)理解并掌握家禽自别雌雄的原理及伴性遗传规律。

二、实验原理

伴性性状是指位于性染色体上的性连锁基因所控制的性状，在遗传时总是伴随性别遗传给后代。哺乳动物性别由X和Y染色体决定，且XX型为雌性，XY型为雄性。家禽性染色体构型为ZW型，且与哺乳动物相反，即雄性为ZZ型，雌性为ZW型。家禽伴性基因存在于Z染色体上，因此，伴性性状总是伴随着Z染色体的分离和重组而表现出来，表现为交叉遗传，即子一代雄性带有母亲的性状，子一代雌性带有父亲的性状。利用家禽的性染色体特征和伴性遗传规律，建立自别雌雄品系，然后利用品系间杂交，在雏禽出壳后即可自别雌雄。伴性遗传在养禽业中的应用，有利于合理安排家禽的生产，达到节约人力、物力，提高生产效率的目的。目前，鹌鹑的白羽与栗羽、黄羽与栗羽，鸡的金色与银色、快羽与慢羽、芦花与非芦花等伴性性状可用于初生雏禽的性别鉴定。

(一)鹌鹑白羽、黄羽与栗羽伴性性状自别雌雄

鹌鹑的栗羽、黄羽和白羽是位于Z染色体上的两个有连锁关系的基因座B/b和Y/y相互作用的结果,其表型和基因型的关系见表5-1。

表5-1 栗羽系、白羽系和黄羽系的基因型和表型关系

表 型	基因型	
	公鹌鹑	母鹌鹑
栗羽系	$Z^{YB}Z^{YB}$	$Z^{YB}W$
白羽系	$Z^{Yb}Z^{Yb}$	$Z^{Yb}W$
黄羽系	$Z^{yB}Z^{yB}$	$Z^{yB}W$

从上述三品系鹌鹑羽色基因型和表型的关系可以看出,栗羽系在Y/y和B/b两基因座都是显性纯合的,白羽系在Y/y基因座显性纯合,在B/b基因座隐性纯合,黄羽系在Y/y基因座隐性纯合,在B/b基因座显性纯合。白羽系和黄羽系是栗羽系分别在B/b和Y/y两基因座发生隐性突变的结果。B和b为一对等位基因,不控制任何性状,只与色素的合成有关。B为有色基因,b为白化基因,B对b为显性,公母鹌鹑只要含有B基因即表现为有色羽。Y和y为另一对等位基因,分别控制栗羽和黄羽,Y对y为显性。两基因座位间存在互作,B与Y相互作用产生栗羽,B与y相互作用产生黄羽,白羽是白化基因b对Y和y上位作用的结果。在公鹌鹑b隐性纯合时对Y或y起上位作用;在母鹌鹑单个基因b对Y或y起上位作用,两基因座B/b和Y/y在公鹌鹑表现出一定的互换率,在母鹌鹑表现为完全连锁。隐性白羽、隐性黄羽纯系公鹌鹑分别与栗羽纯系母鹌鹑杂交,出壳后羽色为浅黄色和白色的均为雌性,而栗羽者均为雄性(图5-1)。

P　$Z^{Yb}Z^{Yb}$(♂)×$Z^{YB}W$(♀)
(白羽鹌鹑) ↓ (栗羽鹌鹑)
F_1　$Z^{YB}Z^{Yb}$　$Z^{Yb}W$
栗羽(♂)　白羽(♀)

P　$Z^{yB}Z^{yB}$(♂)×$Z^{YB}W$(♀)
(黄羽鹌鹑) ↓ (栗羽鹌鹑)
F_1　$Z^{YB}Z^{yB}$　$Z^{yB}W$
栗羽(♂)　黄羽(♀)

图5-1 鹌鹑羽色自别雌雄遗传模式图

(二)鸡金银羽色伴性性状自别雌雄

银色羽、金色羽由位于Z染色体的一对等位基因S/s控制,银色羽(S)为显性,金色羽

(s)为隐性。利用金色羽公鸡和银色羽母鸡交配，则后代所有的金色雏鸡为母雏，银色为公雏，其遗传模式图见图5-2。

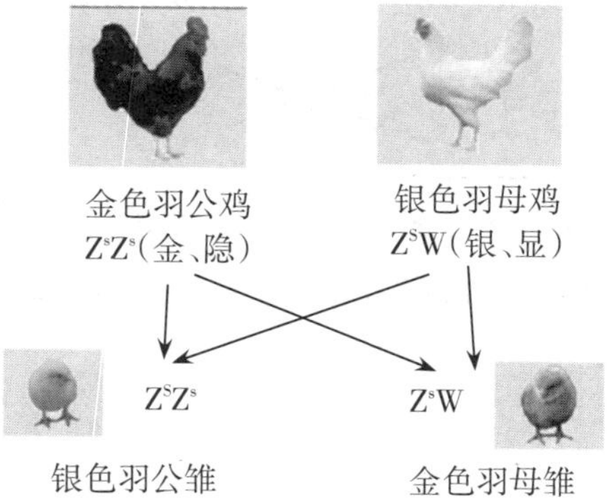

图5-2　雏鸡金银羽色自别雌雄遗传模式图

(三)鸡快慢羽速伴性性状自别雌雄

慢羽、快羽由位于Z染色体上的一对基因K/k^+控制，慢羽(K)为显性，快羽(k^+)为隐性。主翼羽明显长于(大于2 mm以上)覆主翼羽的雏鸡为快羽(图5-3a)。慢羽可分为四种类型：①主翼羽短于覆主翼羽(倒长型慢羽，图5-3 b)；②主翼羽等长于覆主翼羽(等长型慢羽，图5-3 c)；③主翼羽未长出(未出型慢羽，图5-3 d)；④主翼羽等长于覆主翼羽，但是前端有1~2根稍长于覆主翼羽。

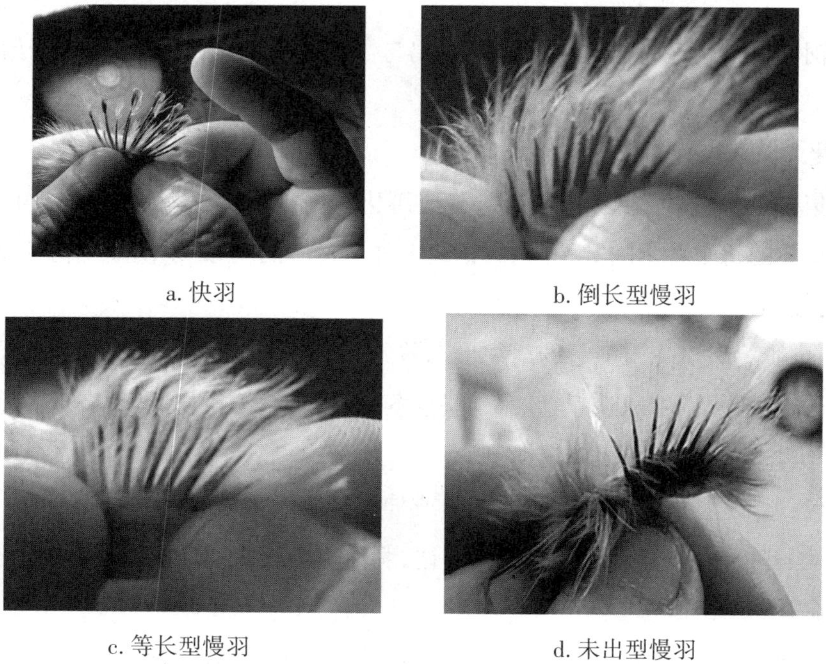

a. 快羽　　b. 倒长型慢羽

c. 等长型慢羽　　d. 未出型慢羽

图5-3　雏鸡快羽与慢羽类型

用快羽公鸡和慢羽母鸡交配，子代快羽为母鸡，而慢羽为公鸡，其遗传模式图见图5-4。

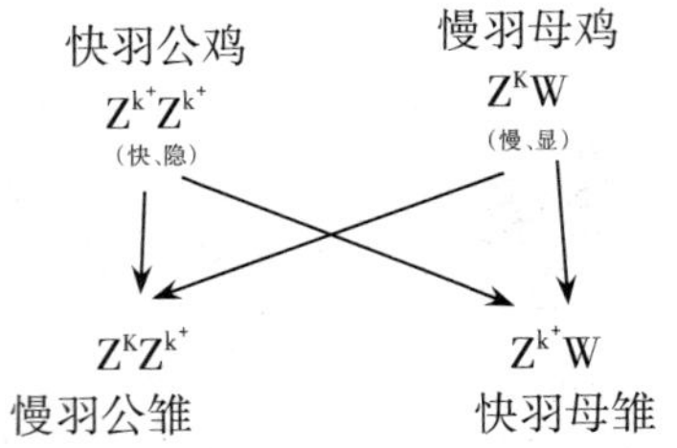

图5-4　雏鸡快慢羽速自别雌雄遗传模式图

三、实验材料

1.材料

慢羽母鸡、快羽公鸡；白羽公鹌鹑、黄羽公鹌鹑、栗羽母鹌鹑。

2.仪器

孵化机、解剖板、产蛋笼、记号笔、蛋盘等。

四、实验方法

（一）实验方案一：鸡的快慢羽自别雌雄

1.杂交

选择饲养在产蛋笼中已开产的慢羽母鸡与快羽公鸡杂交，交配一周后开始收集所产的种蛋并记录编号，连续收集一周的种蛋。

2.孵化

把收集并编号的种蛋装入蛋盘中，置于孵化机内进行孵化。注意：落盘时应使用纸板把出雏盘中的每个种蛋隔开，并在每格编上种蛋对应的编号，以便查找初生雏的父母。

3.性别鉴定

（1）初生雏鸡雌雄生殖突起的组织形态差异。

①外观感觉：雌雏生殖隆起轮廓不明显、萎缩，周围组织衬托无力，有孤立感。

②光泽：雌雏生殖隆起柔软透明。

③弹性：雌雏生殖隆起的弹性差，压迫或伸展易变形。

④充血程度：雌雏生殖隆起血管不发达，刺激不易充血；而雄雏生殖隆起血管发达，表层有细血管，易充血。

⑤突起前端形态：雌雏生殖隆起前端尖，而雄雏生殖隆起前端圆。

（2）快慢羽鉴别。

快慢羽的区分主要由初生雏鸡翅膀上的主翼羽和覆主翼羽的长短来确定。用肉眼观察初生雏鸡翅膀上的主翼羽和覆主翼羽的长短，快羽的均为雌性，而慢羽的均为雄性。

（3）翻肛鉴别法。

①鉴别的适宜时间：初生雏鸡可通过翻肛鉴别法进行性别鉴定，最适宜的鉴别时间为出雏后2~12 h，不宜超过24 h。

②抓雏及排粪：将雏鸡的背部靠紧左手的掌心，肛门向上，颈部被轻轻夹在小指和无名指之间。排粪时，用左手的食指压住雏鸡的背部，用左拇指轻压腹部左侧髂骨下缘（在雏鸡腹部直肠下端部位），轻轻一压，把直肠内粪便排清，排入粪缸中。

③翻肛：翻肛手法因个人习惯而异，如左手握雏，左拇指从前排粪的位置移至肛门的左侧，左食指弯曲于雏鸡背侧，与此同时右食指放在肛门右侧，右拇指放在雏鸡脐带处，右手拇指沿直线往上顶推，右手食指往下拉，往肛门处收拢，左拇指也往里收拢，三指一起向肛门口靠拢，将肛门内壁同时向外挤，使其生殖突起暴露出来。

④鉴别：根据生殖突起的有无和形态差别，便可判断雌雄。遇到一时难以分辨的生殖隆起时，则可用左拇指或右食指触摸，并观察其弹性和充血程度。

（4）雏鸡的解剖。

解剖雏鸡的目的在于通过直接观察生殖器官，来验证肛门鉴别的判断是否正确。解剖的方法和步骤如下：以右手拇指和食指将已处死的雏鸡两翼握于雏鸡胸前，右手向外翻转，以左手拇指平行贴于鸡背，其余四指握住雏鸡头部和颈部下端，左手固定不动，右手用力一撕（用力不宜过大），从胸前纵向将雏鸡背部与腹部撕开。在撕开的同时，用左手食指（或右手食指）贴雏背向上顶，一般即可观察到生殖器官。如生殖器官被脏器所掩盖，可用拇指拨开脏器，即露出生殖器官。公雏在肾脏的上方有左右两个黄白色圆棒状睾丸，右侧位置稍斜，而母雏只在相同位置的左侧有灰白色扁平的卵巢。

（二）实验方案二：鹌鹑羽色自别雌雄

1. 杂交

选择饲养在产蛋笼中已开产的栗羽纯系母鹌鹑分别与白羽纯系公鹌鹑、黄羽纯系公鹌鹑进行杂交，每个杂交组合5对，交配7 d后开始收集每个杂交组合所产的种蛋并进行记录编号，连续收集一周的种蛋。

2. 孵化

把收集并编号的种蛋装入蛋盘中，置于孵化机内进行孵化。

注意：落盘时应使用纸板把出雏盘中的每个种蛋隔开，并在每格编上种蛋对应的编号,以便查找初生雏的父母及杂交组合。

3.性别鉴定

孵化出的雏鹌鹑用肉眼观察其羽色来确定性别,出壳后羽色为浅黄色和白色的均为雌性,而栗羽者均为雄性。

(1)翻肛鉴别法:出雏的鹌鹑可通过翻肛鉴别法进行性别鉴定,在出雏后24 h内进行。鉴别时,在100 W白炽灯光下,用左手将雏鹌鹑的头朝下,背紧贴手掌心,轻握固定。以左手拇指、食指和中指捏住鹌鹑身体,用右手食指和拇指将雏鹌鹑的泄殖腔上下轻轻拨开。若泄殖腔的黏膜呈黄色,其下壁的中央有一小的生殖突起,即为公鹌鹑;反之,如呈淡黑色,无生殖突起,则为母鹌鹑。

(2)解剖法:将已进行雌雄鉴别的雏鹌鹑进行解剖,观察其生殖腺,以验证利用伴性原理鉴定的准确程度。

(3)外貌观察法。

3周龄鹌鹑鉴别法:雄鹌鹑胸部开始长出红褐色胸羽,其上偶有黑色斑点。雌鹌鹑胸羽为淡灰褐色,其上密布黑色、大小不等的斑点。但此时有些雌鹌鹑胸羽酷似雄鹌鹑,加上脸部与下颌部未换新羽,易发生混淆,造成鉴别错误。

1月龄鹌鹑鉴别法:1月龄鹌鹑基本换好永久体羽。公鹌鹑的脸、下颌、喉部开始呈赤褐色,胸羽为淡红褐色,其上镶有小黑斑点,胸部较宽,腹部呈淡黄色。母鹌鹑脸部为黄白色,下颌即喉部为白色,胸部密布黑色小斑点(其分布状似鸡心),腹部淡白色。如果其胸部底色似雄鹌鹑,其上又有细小黑点,再检查其下颌颜色,可以正确鉴别。1月龄时公鹌鹑开始鸣叫,鸣声短促而响亮。母鹌鹑叫声细小低微,似蟋蟀叫声。

成年鹌鹑鉴别法:外貌鉴别如1月龄鹌鹑,公鹌鹑的肛门上方有红色膨大的性腺,而母鹌鹑的肛门上方无膨大部。公鹌鹑的泄殖腔背部有一发达的泄殖腔腺,稍加压迫可排出白色泡沫状的分泌物(不是精液),而母鹌鹑的粪便中无泡沫状附着物。公鹌鹑的胸部和面颊部羽毛为红褐色,而母鹌鹑的胸部和面颊部羽毛为灰色带黑色斑点。公鹌鹑体形紧凑,体重较小;母鹌鹑体形宽松,体重较大。

五、实验结果分析

(1)雏鸡快慢羽鉴别的结果。

①雏鸡编号:___________;

②雏鸡的父亲快慢羽类型:___________;

③雏鸡的母亲快慢羽类型:___________;

④雏鸡的快慢羽类型:__________;

⑤雏鸡通过快慢羽鉴别的性别:__________;

⑥雏鸡通过翻肛鉴别的性别:__________;

⑦雏鸡通过解剖鉴别的性别:__________。

(2)鹌鹑羽色鉴定的结果。

①雏鹌鹑编号:__________;

②雏鹌鹑的羽色:__________;

③雏鹌鹑的父亲羽色:__________;

④雏鹌鹑的母亲羽色:__________;

⑤雏鹌鹑通过羽色鉴别的性别:__________;

⑥雏鹌鹑通过翻肛鉴别的性别:__________;

⑦雏鹌鹑通过解剖鉴别的性别:__________。

(3)分析以上实验结果是否符合伴性性状自别雌雄规律。

六、思考题

(1)查阅资料,了解家禽中还有哪些性状是伴性性状,思考如何利用它们来实现雏禽的自别雌雄。

(2)总结归纳家禽伴性性状自别雌雄的遗传模式及特点。

(3)查阅资料,思考如何利用分子生物学技术实现快慢羽基因型的快速鉴定。

(4)了解人类有哪些伴性遗传病,以及如何进行预防。

七、实验拓展

家鸡的肤色有白、黄、青和黑等几种遗传类型,研究表明浅色肤(白皮肤和黄皮肤)的色泽主要是受一对常染色体基因的控制,白皮肤(WW或Ww)对黄皮肤(ww)为显性(表5-2)。如我国大部分地方鸡种的皮肤颜色为黄色,狼山鸡为白皮肤,国外的“快大”型肉鸡如AA、艾维茵、哈伯德等也为白皮肤,浅色肤的颜色主要受皮下脂肪中叶黄素的有无及其含量的影响。深色肤(黑色或青色)的遗传机制与浅色肤不同,主要受常染色体上的显性基因(P)和性染色体上的隐性色素扩散基因(id)二者的共同影响。有人用深色肤的典型品种——我国的丝毛乌骨鸡与褐色白来航杂交,结果其后代母鸡都为黑色皮肤,公鸡都为浅色皮肤,而反交后代公母鸡均为浅色皮肤,即深色肤的遗传表现为伴性遗传,但前提是常染色体上P座位必须处于纯合状态,若为杂合状态,则正交后代会有部分母鸡为黑色皮肤($P\_Z^{id}W$),而部分母鸡为浅色皮肤($ppZ^{id}W$)。

目前为止,研究认为鸡的黑色皮肤生物学机理大致如下:P为显性常染色体遗传,能使含有黑色素的色素细胞分布到全身结缔组织,包括骨骼的骨膜细胞,当基因型为PP或Pp时,表型为黑色,而当基因型为pp时表型为白色。在性染色体上含有一对真皮层黑色素基因id为伴性隐性基因,但id呈不完全显性,所以不论是在隐性纯合的情况下还是杂合的情况下,均能使真皮层存在黑色素。此外,还有一些其他的修饰基因和影响羽色的基因也影响肤色,例如id基因就受到斑基因(B)、斑点基因(MO)等的抑制,这些基因的作用效果是对黑色素起稀释作用。进一步的肤色及其遗传研究可用于性别鉴定,培育新品种进而生产优质鸡种,同时为资源保种提供理论依据。

表5-2　影响肤色的基因

肤色控制基因		等位基因	注释
W	白色基因	w	常染色体基因,W基因的作用仅在于限制叶黄素在皮肤的存在,ww隐性纯合为黄肤
Id	黑色素抑制基因	id	性连锁,Id不完全显性
E	黑羽基因	e^{wh}, E^{wh}, e^{+}, e^{p}, e^{s}, e^{be}, e^{y}	七个复等位基因的显隐性关系为:$E>e^{wh}>e^{+}>e^{p}>e^{s}>e^{be}>e^{y}$
P	显性细胞色素基因	p	P为常染色体显性遗传

参考文献

1. Martin G E, Amelie AA V, Annemieke P J, et al. Partial duplication of the *PRLR* and *SPEF2* genes at the late feathering locus in chicken [J]. BMC Genomics, 2008, 9:1-9.

2. Martijn F L D, Juan M H M, Richard P M A, et al. Early and late feathering in turkey and chicken: same gene but different mutation[J]. Genetics Selection Evolution, 2018, 50(1):1-7.

3. 杨宁. 家禽生产学(第2版)[M]. 北京:中国农业出版社,2010.

4. 李碧春. 动物遗传学(第3版)[M]. 北京:中国农业出版社,2016.

实验14

群体遗传平衡分析及基因与基因型频率的估算

群体遗传学是一门应用数学和统计学方法研究群体遗传结构及其变化规律的遗传学分支。群体遗传学的中心任务就是研究基因频率、基因型频率及其相互关系。英国数学家哈代(G. H. Hardy)和德国医生温伯格(W. Weinberg)于1908年发现了有关基因频率和基因型频率的重要规律,称为Hardy－Weinberg定律,也叫遗传平衡定律(Genetic equilibrium law),即在随机交配大群体,若没有基因突变、选择、迁移、遗传漂变等因素的作用,群体基因频率和基因型频率可以世代保持不变。哈代－温伯格定律是群体遗传和数量遗传的基石,遗传学这2个分支学科的遗传模型和参数估算,就是根据该定律推导出来的。它提示我们在引种、留种、分群和建立近交系时,不要使群体过小,否则,将会导致群体的等位基因频率和基因型频率的改变,从而导致原品种(品系)"种性"或一些优良经济性状的丧失,因此Hardy－Weinberg定律具有重要的实践意义。

Hardy－Weinberg定律也适用于人类。人类的一些性状:卷舌与非卷舌、有耳垂与无耳垂、前额发际三角形或平齐、ABO血型和红绿色盲、对苯硫脲尝味能力的差异等相对性状是按孟德尔规律遗传的。一般认为,这些相对性状均由等位基因控制。选择一定的人群进行相关遗传性状的调查,并计算这些性状的基因频率和基因型频率,不仅可以了解该群体中决定某一遗传性状的基因与基因型频率的分布特征,而且通过遗传统计分析,可以了解该遗传性状的基因与基因型频率在不同群体中是否存在差异。

一、实验目的

(1)掌握基因频率和基因型频率测算的一般方法。

(2)掌握群体平衡卡方检验方法。

(3)加深对遗传平衡定律的理解,了解改变遗传平衡的因素。

二、实验原理

在群体遗传学中，通过对群体的基因频率和基因型频率进行定量分析来研究群体的遗传组成，这样就可以研究一个群体世代之间的遗传变异情况。

基因型频率是指群体中某特定基因型个体的数目占群体个体总数目的比例，基因频率则为群体中某种等位基因的数量占全部等位基因总数的比例。在遵循Hardy - Weinberg定律的群体中，我们可以通过检测表型来计算基因频率。此外，我们也可以通过χ^2检验来鉴定某群体是否遵循Hardy - Weinberg定律。

1.一对基因的遗传平衡

当常染色体的基因座位上有两种基因A和a，那么个体在这个基因座位上存在三种基因型AA、Aa、aa，假设这三种基因型的频率分别为D、H、R，等位基因A和a的频率分别为p和q，则有$D+H+R=1$，$p+q=1$。若群体处于遗传平衡状态，则基因频率和基因型频率应保持如下关系：$D=p^2$，$H=2pq$，$R=q^2$。

由于等位基因间的作用方式，基因频率、基因型频率的计算主要存在2种情况：

(1)无显性或不完全显性。

假定某人群内有N个个体，在A - a基因座上基因型AA、Aa和aa的观察数分别为n_1、n_2和n_3，则三种基因型频率分别为：

$$D = \frac{n_1}{N}, H = \frac{n_2}{N}, R = \frac{n_3}{N}$$

于是基因频率为：

$$p = D + \frac{1}{2}H, q = R + \frac{1}{2}H$$

人体对苯硫脲(Phenylthiocarbamide, PTC)尝味的能力是由一对等位基因(T/t)所决定的遗传性状，T对t为不完全显性。PTC是一种白色结晶状有机化合物，因有硫酰胺基而带苦味。在人群中味觉正常者(TT)能尝出的浓度为1/6000000~1/750000 mol/L的PTC溶液中的苦味；杂合子(Tt)只能尝出1/380000~1/48000 mol/L的PTC溶液的苦味；基因型tt的人只能尝出高于或等于1/24000 mol/L的PTC溶液的苦味，甚至对PTC的结晶物也尝不出苦味来，这类人在遗传学上被称为味盲。根据基因平衡规律，在人群中味觉基因(T/t)的频率和基因型频率是保持平衡状态的而且始终保持不变。

(2)完全显性。

人类卷舌与非卷舌、有耳垂与无耳垂、前额发际三角形或平齐等性状是完全显性遗传的，只有两种表型的区别，因此不能用表型观察值直接计算出基因频率。但是，该性状处于遗传平衡状态，于是表型为显性性状（包括基因型AA和Aa）的频率为p^2+2pq，表型为隐性性状（基因型aa）的频率为q^2，由此可用下列公式计算出p和q：

基因a的频率为$q=\sqrt{q^2}$，基因A的频率为 $p=1-q$

根据p和q值推算各基因型频率，算出表型显性性状中纯合体与杂合体的比例，也可进行χ^2检验。

2. 伴性基因的遗传

遗传平衡定律也适用于性连锁基因。由性染色体决定性别的哺乳动物，考虑伴性基因的遗传平衡时，要区分同型配子的性别XX是雌性和异型配子性别XY是雄性。如果一对等位基因A、a在X染色体上遗传，在随机交配条件下，下列情况被认为达到了遗传平衡：

雄体		雌体
（X_AY　X_aY）	和	（X_AX_A　X_AX_a　X_aX_a）
p　q		p^2　$2pq$　q^2

显然，伴X的基因处于平衡状态，在雄性和雌性中的基因频率是相等的，即$p_{XY}=p_{XX}=p$，$q_{XY}=q_{XX}=q$（下标XY表示雄性，XX表示雌性），而且在雌性中，必有p^2、$2pq$、q^2。平衡时，雌性的基因型频率与常染色体上基因的基因型频率的平衡一样，而雄性基因型频率与其基因频率相同。

由于雄性与雌性的性染色体组成不同，群体中的伴性基因有2/3存在于雌性中，1/3存在于雄性中。如果雌、雄的基因频率不相等，$p_{XY}\neq p_{XX}$（或$q_{XY}\neq q_{XX}$），则其达到相等（平衡）的时间和方式不同于常染色体上的基因，平衡并不能由一个任意的起始群体经过一个世代的随机交配就可以达到，而是以一种振荡的方式快速地接近（图5-5）。

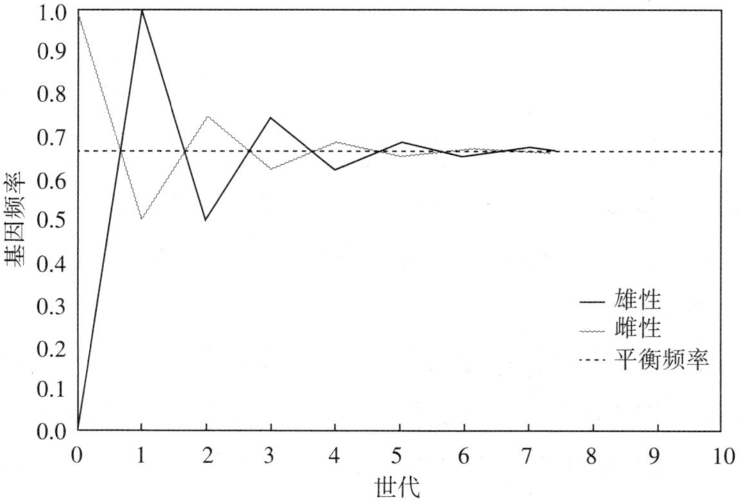

图5-5　伴性基因对于平衡点的振荡性接近

3.复等位基因的遗传平衡

如果某基因座有三个等位基因A_1、A_2、A_3,假设它们的基因频率为p、q、r,遗传平衡时基因型频率为:$(p+q+r)^2=p^2+q^2+r^2+2pq+2pr+2qr$,推而广之,可用基因频率和的平方多项式展开式来计算一个基因座有更多的等位基因的基因型频率。

在平衡群体中,复等位基因频率的计算可分四种情况:(1)等显性的复等位基因,其基因频率与不完全显性的情况类似,但计算较复杂;(2)等显性及有等级显隐性的复等位基因,如人类ABO血型;(3)显隐性等级的复等位基因,如家兔毛色遗传;(4)具有从性遗传的复等位基因,即从性遗传性状的等位基因在常染色体上,两性别中同一基因的频率是相等的。下面以人类ABO血型为例,介绍等显性及有等级显隐性的复等位基因频率的计算方法。

人类ABO血型是由血细胞上存在的特异性抗原类型决定的,抗原主要有A和B两种,根据红细胞表面这两种抗原的有无,可把血型分为A型、B型、AB型和O型。抗原的特异性是由I^A、I^B、i这3个复等位基因决定的,其中任意2个基因组合就形成6种不同基因型组合,表现为4种血型。不同血型的血细胞表面的抗原、血清中的抗体种类分布见表5-3。

表5-3　ABO血型遗传特征、基因和基因型频率

表型(血型)	红细胞膜上抗原	血清中抗体	基因型	基因型频率	表型频率
A	A	β(抗B)	I^AI^A	p^2	p^2+2pr
			I^Ai	$2pr$	
B	B	α(抗A)	I^BI^B	q^2	q^2+2qr
			I^Bi	$2qr$	
AB	A、B	—	I^AI^B	$2pq$	$2pq$
O	—	α、β	ii	r^2	r^2

本实验采用玻片凝集法鉴定待测血液的血型。如果待测血液只与抗A血清凝集,则为A型;只与抗B血清凝集,则为B型;与抗A、抗B血清均凝集,则为AB型;与抗A、抗B血清均不凝集,则为O型。

设I^A、I^B、i基因的频率分别为p、q、r,受试者基因型频率分别为P_A、P_B、P_{AB}、P_O,根据四种基因型的频率,若群体处于遗传平衡,基因频率与基因型频率的关系为:

$$[p(I^A)+q(I^B)+r(i)]^2=p^2(I^AI^A)+q^2(I^BI^B)+r^2(ii)+2pq(I^AI^B)+2pr(I^Ai)+2qr(I^Bi)$$

由表型频率推知基因频率，则有：

$r=\sqrt{r^2}=\sqrt{P_O}$

$p=1-(q+r)=1-\sqrt{(q+r)^2}=1-\sqrt{q^2+2qr+r^2}=1-\sqrt{P_B+P_O}$

$q=1-(p+r)=1-\sqrt{P_A+P_O}$

计算出基因频率后，即可算出各种血型理论频率及人数，最后运用χ^2测验法，即可得出该人群是否处于遗传平衡状态的结论。

三、实验材料

1.材料

以实验班级内学生为选定人群，或到其他班级进行调查，为便于统计分析，样本数量应不少于40人；牙签或小玻棒、吸管、棉球、胶布、小镜子。

2.仪器

天平、烧杯、量筒、容量瓶、滴管、镊子、显微镜、双凹玻片（或普通载玻片）、采血针、青霉素小瓶、试管、试管架、滴瓶。

3.试剂

PTC（白色的结晶呈苦味，对人无毒副作用），A型和B型标准血清、70%乙醇、生理盐水。

四、实验方法

（一）PTC尝味能力测试

1.PTC溶液的配制

原液的配制：取PTC结晶1.3 g，加蒸馏水1000 mL，时时摇晃，在室温（20 ℃左右）1~2 d即完全溶解。按表5-4所示方法配制另外13种PTC溶液，将配制好的14种PTC溶液分装于消毒好的滴瓶中。

2.操作要求

（1）受试者坐在椅子上，仰头张嘴，实验者用滴管先吸取第14号PTC溶液，滴5~10滴于受试者舌根部，令受试者徐徐咽下品味，然后再用滴管在盛有蒸馏水的滴瓶中吸取蒸馏水，滴5~10滴于受试者舌根部，令受试者徐徐咽下品味。

表 5-4　原液和其他 13 种浓度的溶液稀释法及 PTC 含量

溶液号	稀释方法	稀释倍数	约含 PTC 的浓度	基因型值
1	原　液	1	1/750	tt
2	原液 100 mL+水 100 mL	2	1/1500	
3	2 号液 100 mL+水 100 mL	4	1/3000	tt
4	3 号液 100 mL+水 100 mL	8	1/6000	
5	4 号液 100 mL+水 100 mL	16	1/12000	
6	5 号液 100 mL+水 100 mL	32	1/24000	
7	6 号液 100 mL+水 100 mL	64	1/48000	Tt
8	7 号液 100 mL+水 100 mL	128	1/96000	
9	8 号液 100 mL+水 100 mL	256	1/190000	
10	9 号液 100 mL+水 100 mL	512	1/380000	
11	10 号液 100 mL+水 100 mL	1024	1/750000	TT
12	11 号液 100 mL+水 100 mL	2048	1/1500000	
13	12 号液 100 mL+水 100 mL	4096	1/3000000	
14	13 号液 100 mL+水 100 mL	8192	1/6000000	

(2)询问受试者能否鉴别此种溶液的味道。如若不能鉴别或鉴别不准确(如认为PTC溶液味道是酸、咸、辣或说不出的其他药味)则再用稍浓的13号溶液重复尝试,直至能说明PTC的苦味为止。

(3)当受试者鉴别某一种溶液时,应当再用此号溶液重复尝味三次,三次结果相同,才算可靠。

(4)测定过程中应将PTC溶液与蒸馏水反复交替使用,以免由于受试者的猜想及其心理作用影响结果的准确性。

(5)确定受试者的基因型:尝味阈值≥11号者,基因型为TT;尝味阈值<7号者,基因型为tt,尝味阈值介于7~11号者(即:7≤尝味阈值<11),基因型为Tt。

(6)将全班同学的测试结果列于统计表中,待做进一步统计分析。

(二)ABO血型的检测

1.玻片法检测

取一洁净玻片,用记号笔划分两个区域表明A和B,并注明受试者。用吸管分别吸取A型、B型血清滴加在已注明的两个区域内。

2.采血

对受试者的耳垂或指端用70%乙醇棉球进行消毒，乙醇干后用无菌采血针刺破皮肤，用吸管取1~2滴血放入盛有0.3~0.5 mL生理盐水的青霉素小瓶中，用吸管轻轻吹打制成约5%的红细胞生理盐水悬液。

3.凝集反应测试与观察

取红细胞悬液分别向玻片中A型、B型血清中各滴1滴，并立即用牙签或小玻棒分别搅拌，使之充分混匀。在室温下每隔数分钟轻轻晃动玻片数次，以加速凝集，待10~30 min后观察有无凝集反应。若混匀的血清由浑浊变为透明，出现大小不等的红色颗粒，表示红细胞已经凝集；若混匀的血清依旧为浑浊状，无颗粒出现，则无凝集反应发生。如果结果不够清晰，可以在低倍显微镜下观察。

4.观察结果判定

如只与抗A血清凝集则为A型；只与抗B血清凝集则为B型；抗A抗B血清均凝集者为AB型；均不凝集者则为O型。

五、实验结果分析

（1）将检测和调查的结果填入表5-5。

表5-5　人类遗传性状的调查表

姓名	调查日期	民族	性别		PTC的尝味能力			ABO血型			
			男	女	TT	Tt	tt	A	B	AB	O

（2）汇集全班同学的遗传性状数据，计算基因型频率和基因频率，运用卡方测验法，检验该人群是否处于遗传平衡状态？

六、思考题

（1）根据实验结果讨论调查群体的每一个遗传性状的基因频率的特征。

(2)查阅相关文献,运用χ^2测验法,分析调查群体与某一群体的遗传性状的基因型频率和基因频率是否存在差异。

(3)在所测群体中,男女在尝味能力上是否有区别?

(4)年龄对尝味阈值是否会有影响?对成年人而言,哪些因素可能对其尝味能力产生影响?

(5)为什么不同民族或同一民族不同群体之间,A、B、AB、O血型的频率会不同?

七、实验拓展

人PTC苦味的尝味能力由7号染色体上(7q35–7q36)的一种苦味味觉感受器基因*TAS2R38*决定。绝大多数尝味者与味盲者的区别在于三处单核苷酸多态性(single nucleotide polymorphisms,SNPs)。味盲者的*TAS2R38*编码区有五个限制性内切酶Fnu4H1的识别位点(识别序列5'GC↓NGC3'),如果是尝味者,则其第785位SNP恰好形成了一个额外的Fnu4H1识别位点(GCTGC)。同样,人类ABO血型决定基因内部也存在大量SNP位点。查阅相关资料,设计实验利用PCR技术进行PTC尝味能力和ABO血型的基因分型。

参考文献

1. 仇雪梅,王有武.遗传学实验[M].武汉:华中科技大学出版社,2015.
2. 李凤霞.遗传学实验指导及图谱[M].长春:吉林人民出版社,2006.
3. 李雅轩,赵昕.遗传学综合实验[M].北京:科学出版社,2006.
4. 卢龙斗,常重杰.遗传学实验技术[M].北京:科学出版社, 2007.
5. 赵凤娟, 姚志刚.遗传学实验[M].北京:化学工业出版社, 2012.
6. Leland H, Leroy H, Michael L G, et al. Genetics: from genes to genomes[M]. Boston: McGraw Hill, 2000.

实验15

重复力的估算

畜禽许多生产性状同一个体在终身是可多次度量的，例如，母猪的窝仔数、奶牛各泌乳期产奶量、绵羊的剪毛量等，在个体一生中有多个记录，表现为不同时间和空间上的重复度量。在评定种畜品质时，究竟应当依据哪次记录呢？一般而言，依据哪次都可以，但度量的次数越多，依据越充分，结果越可靠，评定动物的价值越准确。然而，度量次数越多，所需时间越长，且有些性状度量到一定程度，再增加度量次数并不一定增加度量值的准确性，这时需要一个标准，这个标准就是重复力。重复力(repeatability)是个体不同次生产周期之间同一性状所能重复的程度，它是衡量一个数量性状在同一个体多次度量值之间的相关程度的指标。

一、实验目的

(1)掌握与数量性状重复力有关的概念及重复力估计的原理。

(2)掌握数量性状重复力的估算方法。

二、实验原理

任何一个个体数量性状的一般遗传模型都可以表示为：$P=G+E+I_{GE}$，其中P为个体表型值，G为基因型值，E为环境效应值，I_{GE}为基因型与环境的互作。对于大多数的数量性状而言，基因型效应和环境效应之间没有互作，即$I_{GE}=0$。因此$P=G+E$。这个关系式表明表型值是由遗传效应和环境效应共同决定的，遗传效应是产生表型变异的内在原因，而环境效应是产生表型变异的外在原因。

除了个体基因效应外，个体所处的持久性环境效应也将对性状的终身表现产生相同的影响。此外，一些暂时的或局部的特殊环境因素只对个体性状的某次度量值产生影响，这种效应称为暂时性环境效应。环境效应(E)可剖分为一般环境效应(E_g)和暂时性环境效应(E_s)两个部分，即$E=E_g+E_s$，因此$P=G+E=G+E_g+E_s$。当个体性状有多次度量时，这种暂时性环境效应对多次度量值的影响有大有小、有正有负，可以相互抵消一部分，从而可提高个体性状生产性能估计的准确性。假定基因型效应、永久性环境效应和暂时性环境效应之间都不存在相关，可以将表型方差(V_P)剖分为$V_P = V_G + V_{E_g} + V_{E_s}$，因此重复力($r_e$)可定义为：

$$r_e = \frac{V_G + V_{E_g}}{V_P} = \frac{V_G + V_{E_g}}{V_G + V_{E_g} + V_{E_s}}$$

可见，重复力实际上就是以个体多次度量值为组的组内相关系数，因而其估计方法与组内相关系数的计算完全一致，组内相关系数也是通过计算变量方差和协方差得到的。通过推导，组内相关系数等于组间方差(σ_B^2)在总方差中占的比例，在方差分析中通常用组间方差和组内方差(σ_W^2)之和代替总方差。因此，重复力通常是在按个体分组后的单因素方差分析基础上计算的，计算公式如下：

$$r_e = \frac{\sigma_B^2}{\sigma_B^2 + \sigma_W^2} = \frac{MS_B - MS_W}{MS_B + (k-1)MS_W}$$

式中：MS_B为单因素方差分析中的组间均方；MS_W为单因素方差分析中的组内均方；k为每个个体的度量次数。当个体度量次数不相等时，可按下式计算平均的有效度量次数(k_0)：

$$k_0 = \frac{1}{n-1}\left(\sum k_i - \frac{\sum k_i^2}{\sum k_i}\right)$$

三、实验材料

1. 材料

畜禽生产性能数据资料。

2. 仪器

计算器或电脑。

四、实验方法

10头荣昌母猪各胎产仔数见表5-6，计算其产仔数的重复力。

表5-6 荣昌母猪各胎产仔数

（单位：头）

母猪号	胎次								
	1	2	3	4	5	6	7	8	9
1	11	9	8	10	12	11	—	—	—
2	10	12	11	9	12	11	13	9	—
3	11	14	3	11	11	9	15		—
4	7	12	13	11	12	10	9	10	—
5	10	11	12	3	10	12	12	10	8
6	8	11	12	10	10	12	—	—	—
7	4	9	7	6	—	—	—	—	—
8	9	5	2	—	—	—	—	—	—
9	10	12	12	11	9	10	—	—	—
10	7	10	9	12	12	11	10	11	10

本实验的分析方法是单因素方差分析，计算数据可以用函数型计算器，也可以使用Office Excel的数据分析板块——方差分析的单因素方差分析完成。

方法一：计算器计算

1.整理资料

利用各种函数计算所需要的中间结果：

第1头母猪的产仔胎数记录，$k_1 = 6$。

第1头母猪的产仔胎数记录的平方，$k_1{}^2 = 36$。

第1头母猪的所有胎次的产仔数总和，$\sum x_{1j} = 61$。

第1头母猪的所有胎次的产仔数平方和，$\sum x_{1j}^2 = 631$。

其他母猪也同理计算。

$\sum k_i = 66$，$\sum k_i{}^2 = 472$　$\sum\sum x_{ij} = 655$，$\sum\sum x_{ij}^2 = 6915$，依次填入表5-7中。

表5-7 荣昌母猪产仔数资料统计结果

母猪号	k_i	$k_i{}^2$	$\sum x_{ij}$	$\sum x_{ij}^2$
1	6	36	61	631
2	8	64	87	961
3	7	49	74	874

（续表）

母猪号	k_i	k_i^2	$\sum x_{ij}$	$\sum x_{ij}^2$
4	8	64	84	908
5	9	81	88	926
6	6	36	63	673
7	4	16	26	182
8	3	9	16	110
9	6	36	64	690
10	9	81	92	960
合计	66	472	655	6915

2. 计算平方和、自由度、均方和k_o

$$SS_T=\sum\sum x_{ij}^2-\frac{(\sum\sum x_{ij})^2}{\sum k_i}=6915-\frac{655^2}{66}=414.6212$$

$$SS_B=\sum\frac{(\sum x_{ij})^2}{k_i}-\frac{(\sum\sum x_{ij})^2}{\sum k_i}=\frac{61^2}{6}+\frac{87^2}{8}+\cdots+\frac{92^2}{9}-\frac{655^2}{66}=129.5875$$

$$SS_W=SS_T-SS_B=414.6212-129.5875=285.0337$$

$$df_T=\sum k_i-1=66-1=65$$

$$df_B=n-1=10-1=9$$

$$df_W=df_T-df_B=65-9=56$$

$$MS_B=\frac{SS_B}{df_B}=\frac{129.5875}{9}=14.3986$$

$$MS_W=\frac{SS_W}{df_W}=\frac{285.0337}{56}=5.0899$$

$$k_0=\frac{1}{n-1}\left(\sum k_i-\frac{\sum k_i^2}{\sum k_i}\right)=\frac{1}{10-1}\times\left(66-\frac{472}{66}\right)=6.5387$$

3. 列方差分析表

将方差分析的结果列于表5-8。

表5-8　荣昌母猪产仔数方差分析表

变异来源	*SS*	*df*	*MS*
母猪间	129.5875	9	14.3986
母猪内	285.0337	56	5.0899
总和	414.6212	65	

4.计算重复力

$$r_e = \frac{MS_B - MS_W}{MS_B + (k_0 - 1)MS_W} = \frac{14.3986 - 5.0899}{14.3986 + (6.5387 - 1) \times 5.0899} = 0.2186$$

5.显著性检验

$$\sigma_{r_e} = \frac{(1 - r_e) \times \left[1 + (k_0 - 1) r_e\right]}{\sqrt{0.5(n - 1) k_0 (k_0 - 1)}}$$

$$= \frac{(1 - 0.2186) \times \left[1 + (6.5387 - 1) \times 0.2186\right]}{\sqrt{0.5 \times 9 \times 6.5387 \times (6.5387 - 1)}} = 0.1353$$

$$t = \frac{r_e}{\sigma_{r_e}} = \frac{0.2186}{0.1353} = 1.6157$$

查 t 值表得到 $t_{0.05(9)}=2.2622$，因 $t<t_{0.05(9)}$，所以估计的重复力不显著。

方法二：利用Excel进行单因素方差分析

1.数据录入

将数据输入Excel，见图5-6。

表13.1 荣昌母猪各胎产仔数（单位：头）

母猪号	胎数 1	2	3	4	5	6	7	8	9
1	11	9	8	10	12	11			
2	10	12	11	9	12	11	13	9	
3	11	14	3	11	11	9	15		
4	7	12	13	11	12	10	9	10	
5	10	11	12	3	10	12	12	10	8
6	8	11	12	10	10	12			
7	4	9	7	6					
8	9	5	2						
9	10	12	12	11	9	10			
10	7	10	9	12	12	11	10	11	10

图5-6　Excel数据录入

2. 单因素方差分析

选择【数据—数据分析—单因素方差分析】，进入单因素方差分析对话框，见图5-7。

在“输入区域”选择“A4:J13”，在“分组方式”选择“行”，在“标志位于第一列”前的方框中打钩；a为F检验的显著水平，默认为0.05，可以输入0.01。“输出区域”选择“A16”，见图5-8。

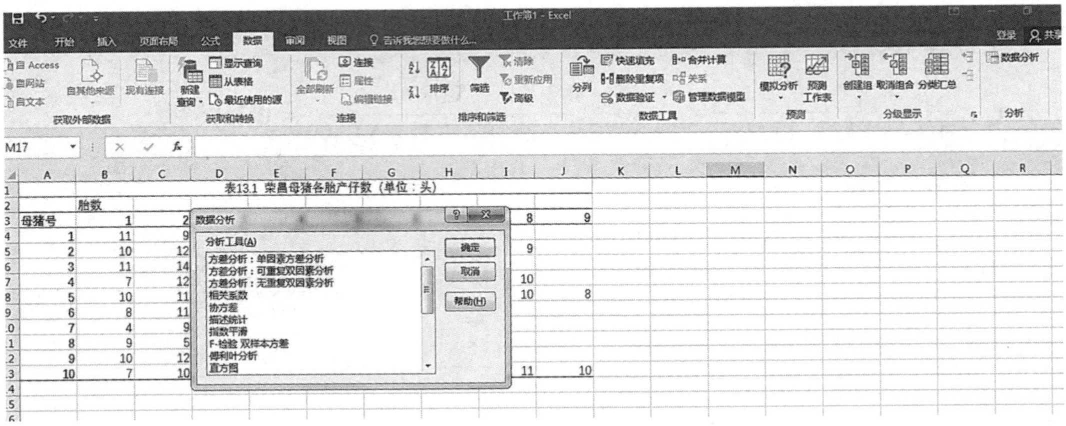

图5-7　Excel进行单因素方差分析对话框

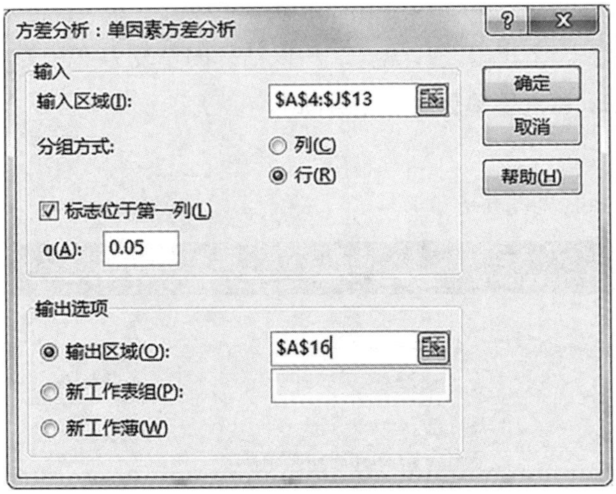

图5-8　Excel进行单因素方差分析数据拾取框

3. 结果输出

点击【确定】，输出结果见图5-9。

	A	B	C	D	E	F	G
16	方差分析：单因素方差分析						
17							
18	SUMMARY						
19	组	观测数	求和	平均	方差		
20	1	6	61	10.16667	2.166667		
21	2	8	87	10.875	2.125		
22	3	7	74	10.57143	15.28571		
23	4	8	84	10.5	3.714286		
24	5	9	88	9.777778	8.194444		
25	6	6	63	10.5	2.3		
26	7	4	26	6.5	4.333333		
27	8	3	16	5.333333	12.33333		
28	9	6	64	10.66667	1.466667		
29	10	9	92	10.22222	2.444444		
30							
31							
32	方差分析						
33	差异源	SS	df	MS	F	P-value	F crit
34	组间	129.5875	9	14.39861	2.828866	0.008158	2.051926
35	组内	285.0337	56	5.089888			
36							
37	计	414.6212	65				

图5-9　Excel单因素方差分析结果

4. 重复力计算及显著性检验

计算重复力和显著性检验同方法一中的步骤4和5。

五、思考题

(1)根据表5-9资料，计算绵羊毛长的重复力。

表5-9　某绵羊群2~5周岁毛长

(单位：cm)

羊号	2周岁	3周岁	4周岁	5周岁	羊号	2周岁	3周岁	4周岁	5周岁
1	9.0	8.0	8.5	9.5	11	8.0	7.5	7.5	
2	8.0	7.0	7.0		12	9.0	9.0	8.0	8.0
3	8.0	9.0	9.0	8.0	13	7.5	7.5	7.0	
4	8.0	8.0	8.5	8.5	14	8.0	7.0	7.0	
5	7.0	7.5	8.0	7.0	15	7.5	9.0	8.0	8.0
6	8.5	9.0	8.0		16	7.0	8.0	7.0	
7	8.5	8.0	8.0	8.0	17	7.0	7.0	8.0	
8	8.0	8.0	8.0	7.0	18	7.5	6.0	8.0	
9	8.5	7.5	7.5	8.0	19	8.0	8.0	7.5	
10	7.0	7.5	6.5	7.0	20	7.0	8.0	6.0	

(2)13头小梅山猪母猪各胎产仔数统计结果见表5-10,计算其产仔数的重复力。

表5-10 小梅山猪各胎产仔数

母猪号	胎数										
	1	2	3	4	5	6	7	8	9	10	11
1	11	21	16	18	8	—	—	—	—	—	—
2	10	15	17	13	20	21	23	17	16	20	—
3	11	14	3	11	11	9	15	—	—	—	—
4	6	6	—	—	—	—	—	—	—	—	—
5	6	17	12	3	19	21	23	19	20	—	—
6	8	11	12	13	13	14	18	18	—	—	—
7	4	16	18	19	19	17	19	6	19	—	—
8	9	5	2	18	15	3	—	—	—	—	—
9	13	19	20	14	8	13	13	—	—	—	—
10	7	15	16	14	16	11	17	20	23	—	—
11	15	18	15	17	24	17	15	21	17	8	6
12	15	14	20	15	12	16	21	8	9	6	—
13	12	19	19	18	24	11	15	15	—	—	—

六、实验拓展

重复力作为一个重要的遗传参数,在动物育种方面广泛应用并取得了明显的经济效益。由于重复力是遗传力估计的上限,所以重复力可以判断遗传力估计的正确与否。重复力不同时,不同次度量的相对准确度也不同,因此,根据某性状的重复力大小,来确定这一性状需度量的次数,并可根据生产力的几个度量值确定其终身生产力,应用重复力可计算多次度量平均值的遗传力,确定各单次记录估计总性能的效率。

参考文献

1. 孙敬方，田小芸. 昆明种小鼠窝产仔数、离乳仔数表型参数及重复力的测定[J]. 上海实验动物科学，1992，12(2):73-74.

2. 王炳谦，刘宗岳，高会江，等. 应用重复力模型估计虹鳟生长性状的遗传力和育种值[J]. 水产学报，2009，33(2):182-187.

3. 王玲，罗宗刚. 动物遗传育种学实验教程[M]. 重庆：西南师范大学出版社，2015.

4. 盛志廉，陈瑶生. 数量遗传学[M]. 北京：科学出版社，1999.

实验16

遗传力的估算

数量性状的表现既受到个体遗传基础的控制，同时又受到所处环境的影响。如何判断影响一个数量性状表现的遗传效应有多大，环境效应有多大？由于数量性状呈现出连续变异，因此要确定各种因素对它的影响大小，只能借助于生物统计学方法估计出各种因素造成的变异大小来衡量。

一、实验目的

(1)理解并掌握数量性状遗传力的概念。

(2)理解并掌握估算遗传力的方法。

二、实验原理

任何一个个体数量性状的表型值由遗传效应和环境效应共同决定，遗传效应是产生表型变异的内在原因，而环境效应是产生表型变异的外在原因。在数量性状遗传的研究中，遗传力是最重要的遗传参数之一，从遗传效应剖分这一角度遗传力分为广义遗传力和狭义遗传力。广义遗传力是数量性状表型方差(V_P)中遗传方差(V_G)所占的比值，即$H^2=\dfrac{V_G}{V_P}$；而狭义遗传力是数量性状育种值方差(V_A)占表型方差(V_P)的比例，通常所说的遗传力就是指狭义遗传力，简称遗传力，用公式表示为：$h^2=\dfrac{V_A}{V_P}$。

一个数量性状的遗传力不仅仅是性状本身独有的特性，它同时也是群体遗传结构和群体所处环境的一个综合体现。对性状而言，控制它的基因加性效应越大，h^2就越大；反之h^2就越小。

遗传力估测的方法常用的有两种，即利用亲子资料和同胞资料进行估计，在此处仅介绍半同胞相关法。半同胞组内相关法应满足的条件：所有变异来源除公畜个体效应外，其余的应全部为随机误差效应；公畜内个体间的遗传关系必须完全一致，即不应有全同胞个体存在；公畜间应无亲缘相关。

根据通径原理（图5-10），半同胞间的表型相关应为：

$r_{p_1p_2} = hr_Ah = r_Ah^2$

因此，$h^2 = \dfrac{r_{p_1p_2}}{r_A}$

而半同胞间的遗传相关：$r_A = 0.25$

$h^2 = 4r_{HS}$

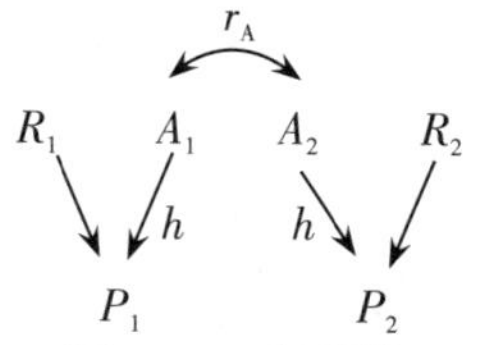

图5-10　通径链

半同胞表型相关的计算公式为：$r_{HS} = \dfrac{MS_B - MS_W}{MS_B + (n_0 - 1)MS_W}$

式中：MS_B为组间均方（家系间）；MS_W为组内均方（半同胞之间）；n_0为家系平均半同胞数。

遗传力的显著性检验采用t检验。

$$t = \frac{h^2}{\sigma_h{}^2}$$

根据误差自由度（组内自由度df_W）查t值表，判断显著性。

$$\sigma_{r_{HS}} = \sqrt{\frac{2[1 + (k_0 - 1)r_{HS}]^2(1 - r_{HS})^2}{k_0(k_0 - 1)(n - 1)}}$$

三、实验材料

1. 材料

畜禽生产性能资料数据。

2. 仪器

计算器或电脑。

四、实验方法

7只公鹌鹑的半同胞女儿蛋重资料见表5-11，用半同胞组内相关估计遗传力，并检验其显著性。

表5-11　7只公鹌鹑的半同胞女儿蛋重

（单位:g）

公鹌鹑	1	2	3	4	5	6	7	8	9	10	11	12	13	14
1	10.4	10.7	10.5	11.7	11.2	11.7	10.9	10.2	9.8	10.2	11.2	10.1		
2	11.1	11	12	9.8	10.5	10.6	9.6	10.8	10.8	10.6	10	11		
3	10.4	10.3	10.1	10.3	9.8	10.2	10.4	9.9	10.3	11.6	11.3			
4	9.8	9.5	10.3	10	10.2	9.4	10.4	10.1	10.5	10	10.5	10.4		
5	11.5	10.1	10.2	10.4	10.4	9.8	10.8	10.9	10.8	10.8	10.6	10.2	10.6	10.4
6	9.2	9.9	10.1	9.8	10	11.1	9.8	10.1	10.6	10.2	10.8	10.1	9.9	9.7
7	10.7	10.4	10.7	10.6	10.3	10.7	10.8	10.5	10.1	10.3	10.8	10	10	

方法一：计算器计算

1.整理资料

以公鹌鹑分组，按表5-12形式列出半同胞女儿蛋重资料。

表5-12　7只公鹌鹑88只半同胞女儿的蛋重整理资料

（单位:g）

公鹌鹑	k_i	k_i^2	$\sum x_{ij}$	$\sum x_{ij}^2$
1	12	144	128.6	1383.5
2	12	144	127.8	1367.66
3	11	121	114.6	1199.94
4	12	144	121.1	1228.61
5	14	196	147.5	1563.31
6	14	196	141.3	1437.11
7	13	169	135.9	1430.71
合计	88	1114	916.8	9610.84

2.计算平方和、自由度和均方

$$SS_{\mathrm{T}} = \sum\sum x_{ij}^2 - \frac{(\sum\sum x_{ij})^2}{\sum k_i} = 9610.84 - \frac{916.8^2}{88} = 24.4509$$

$$SS_{\mathrm{B}} = \sum\frac{(\sum x_{ij})^2}{k_i} - \frac{(\sum\sum x_{ij})^2}{\sum k_i} = \left(\frac{128.6^2}{12} + \frac{127.8^2}{12} + \frac{114.6^2}{11} + \dots + \frac{135.9^2}{13}\right) - \frac{916.8^2}{88}$$

$$= 4.6850$$

$SS_W = SS_T - SS_B = 24.4509 - 4.6850 = 19.7659$

$df_T = \sum k_i - 1 = 88 - 1 = 87$

$df_B = n - 1 = 7 - 1 = 6$

$df_W = df_T - df_B = 87 - 6 = 81$

$$MS_B = \frac{SS_B}{df_B} = \frac{4.6850}{6} = 0.7808$$

$$MS_W = \frac{SS_W}{df_W} = \frac{19.7659}{81} = 0.2440$$

$$k_0 = \frac{1}{n-1}\left(\sum k_i - \frac{\sum k_i^2}{\sum k_i}\right) = \frac{1}{7-1} \times \left(88 - \frac{1114}{88}\right) = 12.5568$$

3. 列方差分析表

将方差分析的结果列于表5-13。

表5-13　方差分析表

变异来源	SS	df	MS
公鹌鹑间	4.6850	6	0.7808
公鹌鹑内	19.7659	81	0.2440
总和	24.4509	87	

4. 计算遗传力估计值

$$r_{HS} = \frac{MS_B - MS_W}{MS_B + (k_0 - 1)MS_W} = \frac{0.7808 - 0.2440}{0.7808 + (12.5568 - 1) \times 0.2440} = 0.1491$$

按家系分组的半同胞资料，求得的组内相关系数即半同胞的表型相关r_{HS}。

$\hat{h}^2 = 4r_{HS} = 4 \times 0.1491 = 0.5964$

5. 显著性检验，做出统计推断

$$\hat{\sigma}_{h^2} = 4\sqrt{\frac{2\left(1 - r_{HS}\right)^2\left[1 + \left(k_0 - 1\right)r_{HS}\right]^2}{(n-1)k_0\left(k_0 - 1\right)}} = 0.4442$$

$$t = \frac{0.5964}{0.4442} = 1.3427$$

由于$t < t_{(0.05,81)} = 1.9897$，估计遗传力不显著，其主要原因是样本含量太少。

方法二:利用Excel进行单因素方差分析

(1)将数据输入Excel,见图5-11。

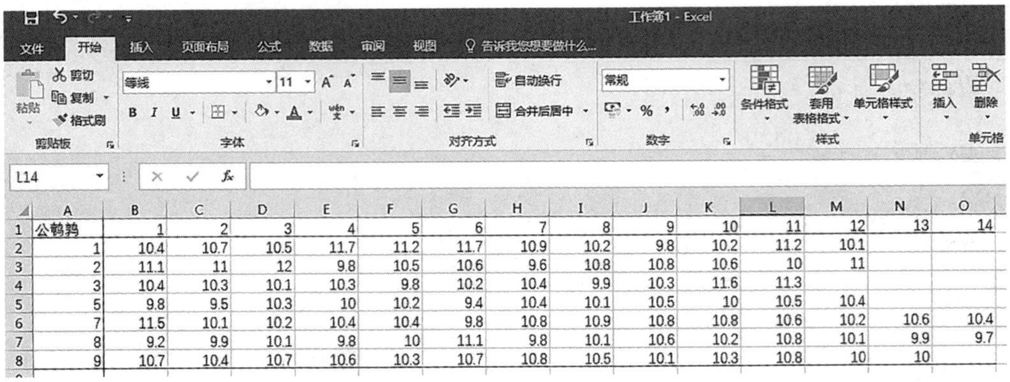

	A	B	C	D	E	F	G	H	I	J	K	L	M	N	O
1	公鹌鹑	1	2	3	4	5	6	7	8	9	10	11	12	13	14
2	1	10.4	10.7	10.5	11.7	11.2	11.7	10.9	10.2	9.8	10.2	11.2	10.1		
3	2	11.1	11	12	9.8	10.5	10.6	9.6	10.8	10.8	10.6	10	11		
4	3	10.4	10.3	10.1	10.3	9.8	10.2	10.4	9.9	10.3	11.6	11.3			
5	5	9.8	9.5	10.3	10	10.2	9.4	10.4	10.1	10.5	10	10.5	10.4		
6	7	11.5	10.1	10.2	10.4	10.4	9.8	10.8	10.9	10.8	10.8	10.6	10.2	10.6	10.4
7	8	9.2	9.9	10.1	9.8	10	11.1	9.8	10.1	10.6	10.2	10.8	10.1	9.9	9.7
8	9	10.7	10.4	10.7	10.6	10.3	10.7	10.8	10.5	10.1	10.3	10.8	10	10	

图5-11　数据录入

(2)选择【数据—数据分析—单因素方差分析】,进入单因素方差分析对话框,见图5-12。在"输入区域"选择"A2:O8",在"分组方式"选择"行",在"标志位于第一列"前的方框中打钩;a为F检验的显著水平,默认为0.05,可以输入0.01。"输出区域"选择"A11",见图5-13。

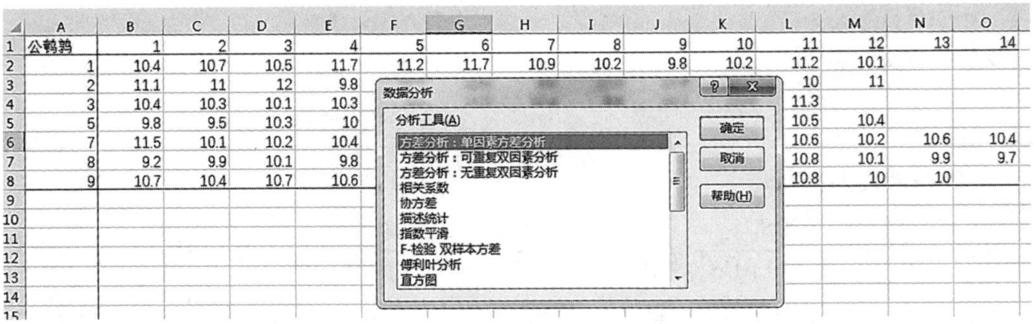

图5-12　Excel进行单因素方差分析对话框

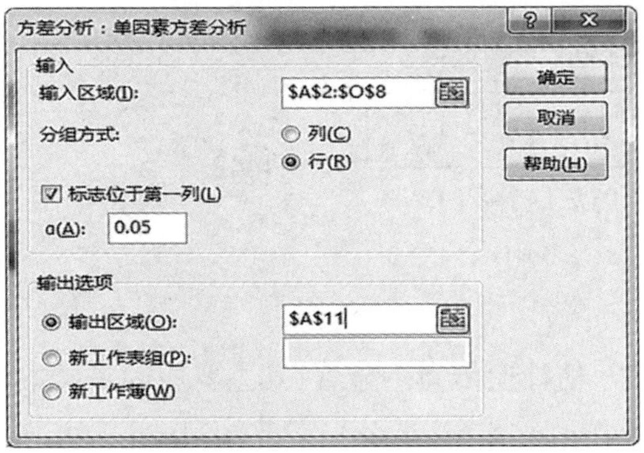

图5-13　Excel进行单因素方差分析数据拾取框

(3)点击【确定】,输出结果见图5-14。

方差分析：单因素方差分析

SUMMARY

组	观测数	求和	平均	方差
1	12	128.6	10.7167	0.39424
2	12	127.8	10.65	0.41727
3	11	114.6	10.4182	0.30164
5	12	121.1	10.0917	0.1372
7	14	147.5	10.5357	0.17632
8	14	141.3	10.0929	0.22995
9	13	135.9	10.4538	0.08603

方差分析

差异源	SS	df	MS	F	P-value	F crit
组间	4.68498	6	0.78083	3.19981	0.00719	2.21273
组内	19.7659	81	0.24402			
总计	24.4509	87				

图5-14　Excel单因素方差分析结果

(4)计算k_0及遗传力,并进行显著性检验,同方法一。

五、思考题

(1)4头荷斯坦公牛的女儿的乳脂率见表5-14,用半同胞组内相关估计遗传力,并检验其显著性。

表5-14　4头荷斯坦公牛的女儿乳脂率资料

公牛	半同胞女儿乳脂率记录(%)						
1	3.8	3.5	3.6	3.4	3.5		
2	3.3	3.4	3.7	3.2	3.5	3.4	
3	3.6	3.7	3.5	3.6	3.4	3.8	3.5
4	3.9	3.4	3.6	3.8	3.5		

(2)某5头荣昌猪的后代6月龄体重部分资料见表5-15,试求荣昌猪6月龄体重的遗传力并进行显著性检验,做出相应的结论。

表5-15　荣昌猪5个家系的半同胞部分资料

(单位:kg)

家系	1	2	3	4	5	6	7	8	9	10	11	12	13	14	15
1	63.5	67.4	70.5	72.0	68.3	60.4	65.8	68.4	65.8	59.0	66.0	63.5	68.9	65.0	55.6

（续表）

家系	1	2	3	4	5	6	7	8	9	10	11	12	13	14	15
2	59.0	63.2	67.4	57.5	65.9	65.5	68.5	66.5	60.0	77.0	66.0	67.0	72.5	65.0	64.0
3	69.0	65.5	68.4	68.5	65.8	67.0	65.8	67.5	65.5	68.0	67.5	58.9	67.0	62.5	63.5
4	67.5	68.9	64.4	65.0	65.8	67.0	65.8	70.5	70.0	63.0	62.5	65.5	65.5	66.5	
5	67.9	65.0	59.5	67.8	58.0	65.0	62.0	73.0	67.8	69.0	72.0	65.0	58.0		

（3）遗传力估计的准确性与哪些因素有关？会对遗传育种工作产生什么样的影响？

六、实验拓展

遗传力作为数量遗传学中的一个基本遗传参数，其作用十分广泛，它是数量遗传学中由表及里、从表型变异研究其遗传实质的一个关键的定量指标，在育种值估计、选择指数的制订、选择反应预测、选择方法比较以及育种规划决策等方面都具有重要的作用。但并不是每个畜群都具备估计遗传力的条件，要估计遗传力必须要有完整的亲属记录，足够大的样本含量，有相当稳定的饲养管理条件，以及一定的技术力量和统计手段。控制同一数量性状的遗传基础在同种畜禽的不同群体中基本上是相同的，性状遗传力估计值虽然各有差异，但仍具有相对的恒定性。一般来说同一品种或品系的同一性状的遗传力估计值可以通用，如果在满足度量正确、样本含量足够大和统计方法正确的前提条件下，仍尽量使用本群资料估计的遗传力。

遗传力估计除了采用半同胞资料，还可采用亲子资料、全同胞资料进行估计。亲子资料估计可以利用子女表型值进行一个亲本的回归或相关估计，或利用子女表型值进行两个亲本均值的回归或相关估计，或进行公畜内女母回归或相关估计。利用全同胞组内相关法估计遗传力时应满足以下条件：所有变异来源除公畜个体效应和母畜效应外，其余效应全部为随机误差效应；公畜间的母畜不交叉；母体效应不存在或很小，可以忽略不计；不同公畜、母畜间均无亲缘关系。

参考文献

1. 李碧春，徐琪．动物遗传学（第2版）[M]. 北京：中国农业大学出版社，2015.

2. 盛志廉，陈瑶生．数量遗传学[M]. 北京：科学出版社，1999.

3. 王玲，罗宗刚．动物遗传育种学实验教程[M]. 重庆：西南师范大学出版社，2015.

实验17

遗传相关的估算

生物体作为一个有机的整体，它在生长发育过程中形成了有机体各部分间或性状间的协调统一和相互联系，任何一种性状改变都会引起其他性状相应的变化，性状间这种不同程度的联系称为相关。和数量性状表型值剖分一样，性状之间的相关也需要区别表型相关和遗传相关。

一、实验目的

（1）掌握利用半同胞资料估算遗传相关的方法。

（2）加深对数量遗传学参数中遗传相关的理解。

二、实验原理

同一个体不同性状表型值之间的相关称为表型相关，性状间的表型相关通常是遗传和环境两个因素造成的。环境条件造成的性状相关是在个体发育过程中受到相同环境影响而形成的，这种相关即为环境相关。性状间遗传相关[$r_{A(xy)}$，即育种值相关]是由能稳定遗传的一些加性基因决定的。遗传相关需要通过两类亲缘关系明确的个体的两个性状表型值间的关系来估计。遗传相关常常利用性状间的表型协方差来估计。根据资料来源不同，遗传相关估计一般采用两种方法：一是根据亲子关系估计遗传相关，二是根据同胞资料估计遗传相关。估计遗传相关的一般公式如下：

$$r_A = \frac{COV_{A_xA_y}}{\sigma_{A_x}\sigma_{A_y}}$$

A：个体育种值；

r_A：性状x与性状y的遗传相关；

$COV_{A_xA_y}$:性状x与性状y育种值的协方差；

σ_{A_x}:性状x育种值的方差；

σ_{A_y}:性状y育种值的方差。

在实际工作中同胞资料用得较多,本实验仅介绍利用半同胞性状间的表型协方差估算遗传相关的方法。根据半同胞关系来估计性状间遗传相关时,由于半同胞个体很多,需要计算公畜组内两性状方差组分和协方差组分来估计性状的遗传方差及它们间的遗传协方差。估计公式为:

$$r_{A(xy)}=\frac{COV_{B(xy)}}{\sqrt{\sigma^2{}_{B(x)}}\sqrt{\sigma^2{}_{B(y)}}}=\frac{MP_{B(xy)}-MP_{W(xy)}}{\sqrt{[MS_{B(x)}-MS_{W(x)}][MS_{B(y)}-MS_{W(y)}]}}$$

$COV_{B(xy)}$:公畜间x和y性状的协方差；

$\sigma^2{}_{B(x)}$:公畜间x性状方差； $\sigma^2{}_{B(y)}$:公畜间y性状方差；

$MP_{B(xy)}$:公畜间x、y性状均积； $MP_{W(xy)}$:公畜内x、y性状均积；

$MS_{B(x)}$:公畜间x性状均方； $MS_{W(x)}$:公畜内x性状均方；

$MS_{B(y)}$:公畜间y性状均方； $MS_{W(y)}$:公畜内y性状均方。

三、实验材料

1.材料

畜禽半同胞生产性能的数据资料。

2.仪器

计算器或电脑。

四、实验方法

某一种羊场部分育成母羊的毛长与剪毛量资料见表5-16,采用公畜内半同胞遗传相关估计毛长与剪毛量的遗传相关,并做显著性检验。

表5-16　育成母羊的毛长和剪毛量记录资料

公羊	1		2		3	
同胞号	毛长(x/cm)	剪毛量(y/kg)	毛长(x/cm)	剪毛量(y/kg)	毛长(x/cm)	剪毛量(y/kg)
1	10.0	8.6	9.5	7.4	9.0	8.3
2	11.0	8.8	9.0	7.5	7.0	7.4

（续表）

公羊	1		2		3	
同胞号	毛长（x/cm）	剪毛量（y/kg）	毛长（x/cm）	剪毛量（y/kg）	毛长（x/cm）	剪毛量（y/kg）
3	11.0	7.1	10.5	10.0	8.0	7.4
4	10.0	8.3	10.0	8.5	9.5	8.4
5	9.5	7.0	11.0	11.0	8.5	7.5
6	10.0	7.8	8.0	7.3	8.0	9.1
7	9.5	7.8	9.0	8.0	9.0	8.2
8	7.5	7.0	10.0	8.0	10.5	8.5
9	9.5	7.5	9.5	8.7	7.0	9.3
10	11.0	9.2	10.5	8.8	9.0	7.0
11	9.5	7.0	13.0	11.0	9.0	8.6
12	8.5	8.0	9.5	7.8	8.0	8.0
13	10.0	8.0	8.5	8.7	8.5	7.4
14	—	—	7.5	8.5	10.0	8.0
15	—	—	8.5	7.9	10.5	7.7
16	—	—	11.0	8.4	8.0	7.0
17	—	—	10.0	9.0	9.5	7.8
18	—	—	10.0	8.3	—	—
19	—	—	10.0	10.3	—	—
20	—	—	11.0	8.5	—	—
21	—	—	10.5	8.0	—	—
22	—	—	8.5	9.4	—	—
23	—	—	8.5	8.1	—	—
24	—	—	8.0	8.0	—	—
25	—	—	7.5	8.5	—	—

1.整理资料

按父系分组整理资料，计算各组的$\sum x$、$\sum y$、$\sum x^2$、$\sum y^2$、$\sum xy$并累加，将结果填入表5-17。

表5-17　育成母羊的毛长和剪毛量的资料整理

公羊	性状	k_i	$\sum x$ / $\sum y$	$\sum x^2$ / $\sum y^2$	$\sum xy$
1	毛长(x/cm)	13	127.0	1252.5	1001.95
	剪毛量(y/kg)	13	102.1	808.27	
2	毛长(x/cm)	25	239.0	2325.0	2078.6
	剪毛量(y/kg)	25	215.6	1883.88	
3	毛长(x/cm)	17	149.0	1323.5	1188.45
	剪毛量(y/kg)	17	135.6	1088.86	
合计		55	515.0	4901.0	4269.0
			453.3	3781.01	

2. 计算平方和、乘积和及自由度

$$SS_{B(x)} = \sum \frac{\left(\sum x\right)^2}{k_i} - \frac{\left(\sum\sum x\right)^2}{\sum k_i} = \left(\frac{127.0^2}{13} + \frac{239.0^2}{25} + \frac{149.0^2}{17}\right) - \frac{515.0^2}{55}$$

$$= 4831.4735 - 4822.2727 = 9.2008$$

$$SS_{B(y)} = \sum \frac{\left(\sum y\right)^2}{k_i} - \frac{\left(\sum\sum y\right)^2}{\sum k_i} = \left(\frac{102.1^2}{13} + \frac{215.6^2}{25} + \frac{135.6^2}{17}\right) - \frac{453.3^2}{55}$$

$$= 3742.8215 - 3736.0162 = 6.8053$$

$$SS_{W(x)} = \sum\sum x^2 - \sum \frac{\left(\sum x\right)^2}{k_i} = 4901.0 - 4831.4735 = 69.5265$$

$$SS_{W(y)} = \sum\sum y^2 - \sum \frac{\left(\sum y\right)^2}{k_i} = 3781.01 - 3742.8215 = 38.1885$$

$$df_W = 55 - 3 = 52$$

$$df_B = 3 - 1 = 2$$

$$MS_{B(x)} = \frac{SS_{B(x)}}{df_B} = \frac{9.2008}{2} = 4.6004$$

$$MS_{B(y)}=\frac{SS_{B(y)}}{df_B}=\frac{6.8053}{2}=3.4027$$

$$MS_{W(x)}=\frac{SS_{W(x)}}{df_W}=\frac{69.5265}{52}=1.3370$$

$$MS_{W(y)}=\frac{SS_{W(y)}}{df_W}=\frac{38.1885}{52}=0.7344$$

$$SP_{B(xy)}=\sum\frac{\sum x\cdot\sum y}{k_i}-\frac{\sum\sum x\cdot\sum\sum y}{\sum k_i}$$

$$=\left(\frac{127.0\times 102.1}{13}+\frac{239.0\times 215.6}{25}+\frac{149.0\times 135.6}{17}\right)-\frac{515.0\times 453.3}{55}$$

$$=4247.0686-4244.5364=2.5322$$

$$SP_{W(xy)}=\sum\sum xy-\sum\frac{\sum x\cdot\sum y}{k_i}$$

$$=(1001.95+2078.6+1188.45)-4247.0686=4269-4247.0686=21.9314$$

$$MP_{B(xy)}=\frac{SP_{B(xy)}}{df_B}=\frac{2.5322}{2}=1.2661$$

$$MP_{W(xy)}=\frac{SP_{W(xy)}}{df_W}=\frac{21.9314}{52}=0.4218$$

3.列方差和协方差分析表

将方差和协方差分析的结果列于表5-18。

表5-18　育成母羊的毛长和剪毛量方差、协方差分析表

变异来源	df	毛长		剪毛量		毛长×剪毛量	
		平方和	均方	平方和	均方	乘积和	均积
公羊间	2	9.2008	4.6004	6.8053	3.4027	2.5322	1.2661
公羊内	52	69.5265	1.3370	38.1885	0.7344	21.934	0.4218
总和	54	78.7273	—	44.9938	—	24.4636	—

4.计算遗传相关

$$r_{A(xy)}=\frac{MP_{B(xy)}-MP_{W(xy)}}{\sqrt{(MS_{B(x)}-MS_{W(x)})(MS_{B(y)}-MS_{W(y)})}}$$

$$=\frac{1.2661-0.4218}{\sqrt{(4.6004-1.3370)\times(3.4027-0.7344)}}=\frac{0.8443}{2.9509}=0.2861$$

五、思考题

(1)现有某奶牛场母牛12月龄体重(kg)和第一个泌乳期的产乳量(4%,kg)的部分资料(表5-19),试求该奶牛场母牛12月龄体重X与第一个泌乳期产乳量Y的遗传相关。

表5-19 奶牛场母牛12月龄体重和第一个泌乳期产奶量

(单位:kg)

公牛号	1013		1216		1245	
女儿序号	体重X	产乳量Y	体重X	产乳量Y	体重X	产乳量Y
1	364	5374.8	344	3987.2	377	5701.0
2	317	6313.8	330	4815.3	325	6014.2
3	319	4337.8	336	5197.4	324	5156.9
4	368	5363.7	352	5489.8	347	5874.9
5	307	6556.1	267	4736.5	324	6511.8
6	348	4364.6	315	4917.3	—	—
7	381	4719.3	—	—	—	—
8	367	4289.6	—	—	—	—
9	343	5708.2	—	—	—	—
10	351	5111.5	—	—	—	—
11	353	4024.3	—	—	—	—
12	393	5663.7	—	—	—	—
13	365	4098.6	—	—	—	—

(2)收集某猪场父系半同胞的初生重和2月龄体重资料,计算初生重和2月龄体重间的遗传相关。

(3)利用学校牧场养殖的家禽,自行设计实验,并对亲本及后代某两个具有遗传相关的性状进行测定和统计分析,计算这两个性状间的遗传相关。

六、实验拓展

同一个体的两个数量性状度量值间的遗传相关,是由于基因的一因多效和基因间的连锁不平衡造成的性状相关,不同基因间的连锁造成的遗传相关,由于基因间的互换而丧失,因此随着连续世代的基因互换,基因连锁逐渐消失,由此造成的遗传相关也逐渐减小,除非是基因间高度紧密连锁。一般而言,由基因连锁造成的遗传相关是不能稳定遗传的。但由于一因多效造成的遗传相关则是能够稳定遗传的。

在畜禽育种过程中利用相关性状来进行选种，可以提高选种的效果，利用容易度量的性状与较难度量的性状间的相关来对后者进行间接选择，如通过选择猪的背膘厚度来选择瘦肉率指标。如能找到与成年家畜主要性状高度相关的幼畜性状，就可以进行早期选种，加快选种速度，降低成本。遗传相关还可用于比较不同环境下的选择效果及制定综合选择指数。

查阅文献，了解畜禽哪些性状之间存在遗传相关，在动物育种中应如何选择。

参考文献

1. 盛志廉，陈瑶生. 数量遗传学[M]. 北京：科学出版社，1999.

2. 李碧春，徐琪. 动物遗传学（第2版）[M]. 北京：中国农业大学出版社，2015.

3. 仇雪梅，王有武. 遗传学实验[M]. 武汉：华中科技大学出版社，2015.

4. 王玲，罗宗刚. 动物遗传育种学实验教程[M]. 重庆：西南师范大学出版社，2015.

第六部分

分子遗传学实验

实验18

动物组织基因组DNA的提取

基因组DNA是真核生物最基本的遗传物质，是最主要的生物信息分子，是分子遗传学研究的主要对象。提取的基因组DNA通常用于基因组文库构建、Southern杂交、分子标记及PCR检测等方面的研究，因此，基因组DNA的质量和纯度是影响分子遗传学实验研究结果的关键因素之一。

一、实验目的

（1）了解从动物组织中提取基因组DNA的原理。

（2）掌握从动物组织中提取基因组DNA的方法。

二、实验原理

真核生物的基因组DNA主要以染色体的形式存在于细胞核内，外有核膜和胞膜包裹。从组织中提取DNA必须首先将组织分散成单个细胞，然后破碎胞膜及核膜，使染色体释放出来，最后去除与DNA结合的组蛋白及非组蛋白。因此，提取DNA的原则是既要将DNA与蛋白质、脂类和糖类等物质分离，又要保证其完整性。

本实验利用有机溶剂酚/氯仿/异戊醇进行基因组DNA的提取，其一般过程是将分散好的组织细胞在含SDS（十二烷基硫酸钠）、EDTA（乙二胺四乙酸）和蛋白酶K的溶液中消化以分解蛋白质，再用酚/氯仿/异戊醇抽提分离蛋白质，得到的DNA溶液经乙醇沉淀使DNA从溶液中析出。SDS是一种阴离子去污剂，可溶解细胞膜裂解细胞，使蛋白质变性、染色体解体，使组蛋白与DNA分离；EDTA则抑制细胞中DNase的活性；蛋白酶K的重要特性是能在SDS和EDTA存在的条件下保持很高的活性，可将蛋白质降解成小肽或氨基酸，使DNA分子完整地分离出来；氯仿可使蛋白质变性并有助于水相和有机相的分离，异戊醇有助于减少抽提过程中泡沫的形成；饱和酚的pH应接近8.0，这样可以减少离心后水酚双相的交界面（主要是蛋白质）上的DNA滞留，有利于在下一步吸出水相时不带动界面中的蛋白质，若饱和酚的pH太低，DNA也会溶于有机相中；乙醇沉淀处理则可以浓缩DNA，同时去除核苷酸、氨基酸以及低分子量的寡核苷酸和肽。

三、实验材料

1.材料

动物肝脏或其他组织、1.5 mL离心管、吸头（10 μL、200 μL、1000 μL）、PE手套。

2.仪器

恒温水浴锅、高压蒸汽灭菌锅、高速冷冻离心机、眼科剪或组织匀浆器、移液器、磁力搅拌器等。

3.试剂

SDS（十二烷基硫酸钠）、EDTA（乙二胺四乙酸）、蛋白酶K、Tris碱、Tris饱和酚、盐酸、氢氧化钠、氯仿、异戊醇、无水乙醇。

（1）1 mol/L Tris-HCl缓冲液：在80 mL超纯水中溶解12.11 g Tris碱，加入浓HCl调节pH至8.0，加超纯水定容至100 mL，121 ℃高压蒸汽灭菌。

（2）0.5 mol/L EDTA溶液（pH=8.0）：称取乙二胺四乙酸二钠（EDTA-Na_2•$2H_2O$）18.61 g，NaOH约2 g，加超纯水至80 mL，在磁力搅拌器上剧烈搅拌，完全溶解后定容至100 mL，121 ℃高压蒸汽灭菌。

（3）TE缓冲液（pH=8.0）：在50 mL超纯水中加入1 mol/L Tris-HCl 1 mL，0.5 mol/L EDTA溶液200 μl，定容到100 mL，121 ℃高压蒸汽灭菌。

（4）10% SDS溶液：称取SDS 2 g，加超纯水20 mL，加热至68 ℃助溶，加HCl调pH至7.2。

（5）蛋白酶K溶液（20 mg/mL）：在5 mL灭菌超纯水中加入100 mg蛋白酶K，分装后于-20 ℃保存。

（6）酚/氯仿/异戊醇（25∶24∶1）：将50 mL Tris饱和酚、48 mL氯仿、2 mL异戊醇混合，置于棕色瓶中4 ℃保存。

（7）70%乙醇：量取70 mL无水乙醇，加入30 mL灭菌超纯水，4 ℃保存。

四、实验方法

（1）剪取50~100 mg动物组织，放在无菌的1.5 mL离心管中用眼科剪反复剪碎或置于组织匀浆器中进行匀浆。

(2)加入TE缓冲液400 μL、蛋白酶K溶液(20 mg/mL)5 μL、10%SDS溶液40 μL,混匀组织液,在50~56 ℃的恒温水浴锅中水浴3 h,或者37 ℃消化过夜,组织消化期间不时旋动离心管。

(3)在温育后的组织裂解液中加入等体积的Tris饱和酚,盖严管盖,上下缓慢颠倒15 min使两相充分混合呈乳浊液,然后12 000 r/min 4 ℃离心10 min使两相分离。

注意事项:

①Tris饱和酚上层为Tris-HCl溶液,主要作用是阻止酚与空气接触,以减缓酚的氧化;下层为酚相,溶液内加有抗氧化的8-羟基喹啉。因此,Tris饱和酚使用时需静置,取下层酚相使用。

②Tris饱和酚有较强的腐蚀性,应尽量避免皮肤接触或吸入体内。

③Tris饱和酚通常为浅黄色透明液体,如发现变为红色或棕色,表明发生氧化,不能使用。

(4)取上清液至另一新的离心管,去除中间相和有机相。加入等体积的酚/氯仿/异戊醇(25∶24∶1,体积比)上下颠倒10 min,12 000 r/min 4 ℃离心10 min。

注意事项:正常情况下,水相在上层,有机相在下层。如果离心后有机相和水相未能很好地分开,可再增加离心时间。

(5)取上清液至另一新的离心管,加入氯仿200 μL,上下颠倒15 min,12 000 r/min 4 ℃离心10 min。

(6)取上清液至另一新的离心管,加入2倍体积的冰冷无水乙醇沉淀DNA,-20℃过夜。

(7)12 000 r/min 4 ℃离心10 min,小心倒掉上清液,保留白色沉淀。

(8)加入1 mL 70%乙醇洗涤沉淀,12 000 r/min离心15 min,室温干燥,直至可见的乙醇挥发殆尽(不要太干,否则DNA不易溶解)。

(9)加入200 μL TE缓冲液溶解DNA,用紫外分光光度计检测DNA纯度和浓度后置于4 ℃或-20 ℃冰箱保存备用。

五、实验结果分析

(1)原始数据统计。

①组织消化时间:____________________;

②描述组织消化情况:____________________;

③饱和酚抽提后上清液体积:____________________;

④氯仿抽提后上清液体积：____________________；

⑤酚/氯仿/异戊醇抽提后上清液体积：____________________；

⑥冰冷无水乙醇沉淀后的DNA量：____________________。

(2)分析实验结果,总结实验成功或失败的原因。

六、思考题

(1)不同动物组织中DNA的提取方法是否不同?

(2)如何从培养的细胞中提取DNA?

(3)影响提取DNA品质和完整性的因素有哪些?

(4)DNA质量检测的方法有哪些?如何判断DNA质量的好坏?

(5)若加入Tris-饱和酚抽提后离心不分层,其原因是什么?

(6)DNA不易溶解或溶解后浑浊的原因是什么?如何解决?

七、实验拓展

血液中DNA的提取

从哺乳动物外周血中提取DNA就是从有核的白细胞中提取DNA。提取的步骤如下:

1.收集细胞

(1)从新鲜血样中收集细胞:向已添加柠檬酸葡萄糖溶液(ACD)或EDTA抗凝的1 mL哺乳动物新鲜血液加入2~3倍体积的红细胞裂解液,充分颠倒混匀,3500 r/min离心10 min,小心吸去上清,沉淀应为白色或淡红色,如果裂解不彻底,可重复上述步骤一次。向沉淀中加600 μL裂解溶液,振荡混匀。若不使用红细胞裂解液,将血液转移到离心管,于4 ℃ 1300 r/min离心15 min,用移液管将淡黄色层小心转移至新管中并再次离心,弃去红细胞沉淀。将淡黄色层重悬于600 μL裂解液中,并于37 ℃孵育1 h,然后按照步骤(2)进行操作。

(2)从冷冻血液中收集细胞:将含有柠檬酸葡萄糖溶液(ACD)或EDTA的冰冻的血液在室温下融化,取1 mL血液转移至无菌的2 mL离心管中,加入等体积的PBS,充分混匀后室温下3500 r/min离心15 min,吸去上清液。将沉淀重悬于600 μL裂解液,于37 ℃孵育1 h,然后按照步聚(2)进行操作。

(3)血样为禽类、鸟类等生物的血液,其红细胞为有核细胞,因此取血液50 μL,不需要再用红细胞裂解液处理,直接加600 μL裂解液,振荡混匀,于37 ℃孵育1 h,然后按照步骤(2)进行操作。

2.细胞裂解与DNA提取

在细胞裂解液中添加蛋白酶K,混匀后置于50 ℃水浴锅孵育3 h,不时旋转黏稠溶液,然后按照实验方法中步骤(3)-(9)进行操作。

参考文献

1.M R格林,J萨姆布鲁克.贺福初等译.分子克隆实验指南(第4版)[M].北京:科学出版社,2017.

2.董明,袁媛,王建敏.不同组织中DNA提取及其影响因素分析[J].临床与实验病理学杂志,1999,15(2):178-179.

3.刘娟.5种哺乳动物组织DNA提取比较研究[J].德州学院学报,2007,23(4):52-53,80.

4.卢圣栋主编.现代分子生物学实验技术[M].北京:高等教育出版社,1993.

5.鲍毅新,孙波,张龙龙,等.对动物组织DNA提取方法的改进及PCR检测[J].浙江师范大学学报(自然科学版),2009,32(3):317-321.

实验19 琼脂糖凝胶电泳检测DNA

琼脂糖凝胶电泳是用琼脂糖作支持介质的一种电泳方法，是常用的分离、鉴定和纯化核酸分子的实验技术，广泛应用于农业科学、医学卫生、国防科研、法医学等领域。

一、实验目的

(1)学习和掌握琼脂糖凝胶电泳法检测DNA的基本原理。

(2)掌握琼脂糖凝胶电泳法检测DNA的方法。

二、实验原理

琼脂糖是一种线性多糖聚合物，是从红色海藻产物琼脂中提取而来的。当琼脂糖溶液加热到沸点后冷却凝固便会形成良好的电泳介质，其密度由琼脂糖的浓度决定。凝胶的分辨能力同凝胶的类型和浓度有关(表6-1)。琼脂糖凝胶分辨DNA片段的范围为50~50 000 bp。凝胶浓度的高低影响凝胶介质空隙的大小，浓度越高，空隙越小，其分辨能力也就越强。反之，浓度越低，空隙就增大，其分辨能力也就随之减弱。

表6-1　琼脂糖凝胶分辨DNA片段的能力

凝胶浓度(%)	分离DNA片段大小的范围(bp)
0.3	1 000~50 000
0.5	1 000~30 000
0.7	800~12 000
1.0	500~10 000
1.2	400~7 000
1.5	200~3 000
2.0	50~2 000

琼脂糖凝胶电泳常用于分离和鉴定DNA分子，DNA分子在琼脂糖凝胶中泳动时受到电荷效应和分子筛效应的影响，电荷效应由分子所带的电荷量多少来决定，而分子筛效应则与分子的大小和构象有关。DNA分子在高于等电点的pH溶液中带负电荷，在电场中向正极移动。在一定的电场强度下，DNA分子的泳动速度主要取决于分子量大小和构象。线状双链DNA分子在琼脂糖凝胶介质中的迁移率与其分子量的对数值成反比。分子量小而紧密的DNA分子比分子量大而伸展的DNA分子容易穿过分子筛介质，因此所受阻力小，泳动速率高，分子量越大的DNA分子电泳时受到的阻力越大，其泳动速率越慢，根据这个原理可将其分开。同一DNA分子构象不同（超螺旋环状、切口环状和线性DNA），在琼脂糖凝胶中迁移率不同。

在琼脂糖溶液中加入低浓度的溴化乙锭（ethidium bromide，EB）或EB类似物，这些分子可插入DNA的碱基之间，形成一种络合物，在波长254~365 nm紫外光照射下，呈现荧光，因此，可对分离的DNA进行检测。GoldView核酸染料是一种可代替溴化乙锭的新型核酸染料，其灵敏度高，无毒，无致癌作用。采用琼脂糖凝胶电泳检测DNA时，GoldView与核酸结合后在紫外灯下产生很强的荧光信号，因此，可在紫外灯下或凝胶成像系统观察并检出DNA片段在凝胶中的位置。

三、实验材料

1.材料

提取的动物基因组DNA、10 μL吸头、PE手套等。

2.仪器

电泳仪、电泳槽、电子天平、高压蒸汽灭菌锅、凝胶成像系统、微波炉、移液器、烧杯、量筒、锥形瓶。

3.试剂

三羟甲基氨基甲烷（Tris）、盐酸、硼酸、EDTA、琼脂糖、6×DNA上样缓冲液、氢氧化钠、GoldView、DNA Marker。

（1）EDTA贮存液（0.5 mol/L，pH=8.0）：称取186.1 g EDTA-Na_2·$2H_2O$加入800 mL超纯水中，剧烈搅拌，用NaOH调节pH至8.0（约需20 g NaOH颗粒），定容到1 L，高压蒸汽灭菌，4℃保存。

（2）5×TBE储存液：54 g Tris、27.5 g硼酸、20 mL 0.5 mol/L EDTA（pH=8.0），用超纯水定容到1 L，常温保存。

（3）1×TBE缓冲液：量取200 mL 5×TBE储存液和800 mL超纯水混匀。

(4)6×DNA上样缓冲液：含40%(m/V)蔗糖、0.25%(m/V)溴酚蓝、0.25%二甲苯青(m/V)。称取25 mg溴酚蓝、25 mg二甲苯青，加入5 mL超纯水，加热搅拌，充分溶解，再加入4 g蔗糖，定容至10 mL。

四、实验方法

(一)制备凝胶

(1)称取1 g琼脂糖置于250 mL锥形瓶中，加入100 mL 1×TBE缓冲液。

注意事项：

①琼脂糖凝胶中所加缓冲液应与电泳槽中的缓冲液相一致，避免pH不同影响检测结果。

②总液体量不宜超过锥形瓶容量的50%。

(2)在锥形瓶的瓶口上盖上保鲜膜或牛皮纸，并在膜或纸上扎些小孔，小心摇动锥形瓶，然后放入微波炉中加热至琼脂糖完全溶化，溶液透明。

注意事项：

①加热过程中，当溶液沸腾后，请戴上隔热手套，小心摇动锥形瓶，使琼脂糖充分均匀溶化。此操作重复数次，直至琼脂糖完全溶化。

②在微波炉中加热时间不宜过长，每次当溶液起泡沸腾时停止加热，否则会引起溶液过热暴沸，造成琼脂糖凝胶浓度不准，也会损坏微波炉。

③溶化琼脂糖时，必须保证琼脂糖充分完全溶化，否则，会造成电泳图像模糊不清。

(3)当琼脂糖胶液冷却到60 ℃时，用微量移液器加入5 μL核酸染料GoldView，充分混匀，避免产生气泡。

注意事项：

①加入GoldView的琼脂糖凝胶反复溶化可能会对核酸检测的灵敏度产生一定影响，但不明显。

②GoldView pH在3.6~7.0时能更好地与核酸结合，因此电泳时最好使用新鲜的电泳缓冲液。

③由于GoldView溶液酸性较强，因此对皮肤、眼睛会有一定的刺激，操作时应戴手套。

④如果采用溴化乙啶(EB)染色，溴化乙啶的储存液浓度是0.5 mg/mL，工作浓度为0.5 μg/mL。EB有强致癌作用，需戴手套。

(4)取出洗净并晾干的样品梳和胶槽，将梳子垂直插入胶槽的凹槽内，然后倒入已经冷却到60 ℃左右的胶液，凝胶厚度以3~5 mm为宜。

注意事项：

①胶厚度不宜超过0.5 cm，胶太厚会影响检测的灵敏度。

②溶解的凝胶应及时倒入板中，避免倒入前凝固结块，倒入板中的凝胶应避免出现气泡，影响电泳结果。

(5)在室温下等待胶凝固(大约30 min)，然后垂直拔出梳子。

(6)向电泳槽中加入1×TBE缓冲液，将带凝胶的胶槽置于电泳槽中，电泳缓冲液高于凝胶表面1~2 mm为宜。

注意事项：

①样品孔要充满电泳缓冲液，若样品孔中有气泡，应设法去除。

②凝胶上有样品孔的一侧要朝向电泳槽的负极。

(二)上样和电泳

(1)分别取5 μL DNA样品和1 μL 6×DNA上样缓冲液在点样板或封口膜上用10 μL移液器轻轻混匀，然后加入凝胶的样品孔中。

注意事项：

①每加完一个样品，更换一个加样吸头，以防污染。

②加样前应先记下加样的顺序，加样时勿碰坏样品孔周围的凝胶面。

③加样时，要把吸头插入加样孔里，但是不能伸得太深，以免插穿加样孔凝胶的底部，保证样品尽量在加样孔中而不外溢。

④可在相邻的加样孔中加入3~5 μL DNA Marker作为分子量标准。

⑤加样时持移液器的手以肘部固定在桌子上，用另一只手扶住这只手的手腕，或用另一只手的食指靠着移液器的中部偏下的位置，以减少移液器的抖动。

(2)加样结束后盖上电泳槽盖子，立即连接电泳仪和电泳槽的电源线(正极为红色，负极为黑色)，接通电源，将电压调节为100 V(最高不超过5 V/cm)，然后开始电泳，样品由负极向正极方向移动。

(3)电泳约30 min后，当蓝色的溴酚蓝迁移到距凝胶边缘1 cm时，电泳结束，切断电源，戴上手套取出凝胶。

(三)凝胶成像分析

将凝胶放入凝胶成像系统中进行观察照相，分析所提取的DNA质量。

五、实验结果分析

(1)结果记录。

①电泳条带亮度:____________;

②是否有蛋白质污染:____________;

③电泳条带描述:____________;

④画出凝胶电泳条带图谱。

(2)分析实验结果,总结实验成功或失败的原因。

六、思考题

(1)电泳中加入GoldView的作用是什么?

(2)6×DNA上样缓冲液的作用是什么?

(3)影响DNA在琼脂糖凝胶中电泳速率的因素有哪些?

(4)根据图6-1中的电泳结果,分析提取的DNA质量并提出改进措施。

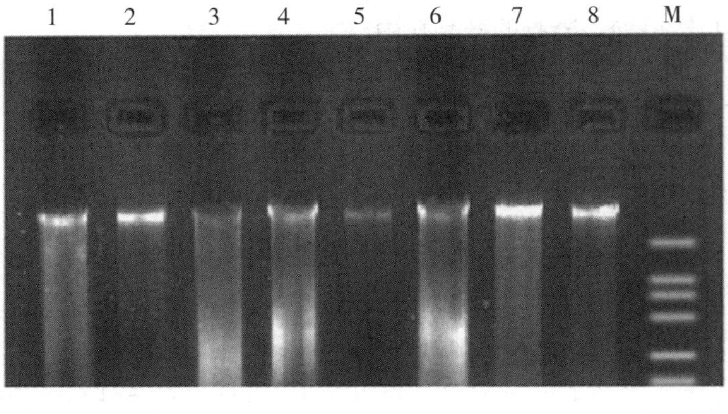

图6-1 DNA琼脂糖凝胶电泳结果

七、实验拓展

1.琼脂糖凝胶缓冲液的选择

有几种琼脂糖凝胶缓冲液适用于天然双链DNA的电泳,它们包括Tris-乙酸盐和EDTA缓冲液(pH=8.0,也称作TAE缓冲液)、Tris-硼酸盐缓冲液(TBE)和Tris-磷酸盐缓冲液(TPE),工作液浓度约为50 mmol/L,工作pH为7.5~7.8。电泳缓冲液通常配制成浓溶液存放(表6-2)。

表6-2　电泳缓冲液

缓冲液	工作液	储存液
TAE	1×TAE：含40 mmol/L Tris-乙酸盐，1 mmol/L EDTA。量取20 mL 50×TAE、980 mL去离子水，混匀即可。	50×TAE:称取Tris 242 g、EDTA-Na_2·$2H_2O$37.2g于烧杯，加入800 mL去离子水搅拌溶解，再加入57.1 mL冰乙酸，充分混匀，定容至1 L。
TPE	1×TPE：含90 mmol/L Tris-磷酸盐，2 mmol/L EDTA。量取10×TPE 100 mL、900 mL去离子水，混匀即可。	10×TPE：108 g Tris和15.5 mL 85%磷酸(1.679 g/mL)加于40 mL 0.5 mol/L的EDTA(pH=8.0)中，加去离子水定容至1 L。

TBE、TAE、TPE三种缓冲液中TAE的缓冲容量最低，如长时间电泳会被消耗。长时间电泳后凝胶的阳性一侧将发生酸性化，凝胶中向阳极迁移的溴酚蓝的颜色呈现从蓝紫色到黄色的变化，故需定期更换缓冲液。定期更换缓冲液或调换两个电极池的缓冲液可以防止TAE的消耗。TBE和TPE比TAE稍贵些，但它们有高得多的缓冲容量。双链线状DNA片段在TAE中比在TBE或TPE中迁移快10%。对于高分子质量的DNA，TAE的分辨率略高于TBE，对于低分子质量的DNA，TAE要差些。超螺旋DNA在TAE中的电泳分辨率要好于TBE。三种缓冲液都非常有效，选择哪一种使用，主要根据个人工作习惯和实验要求。

2.琼脂糖凝胶电泳结果分析及常见问题分析

表6-3　琼脂糖凝胶电泳结果分析和常见问题分析

常见问题	原因	对策
DNA条带模糊	DNA降解	实验过程中应避免核酸酶污染
	电泳缓冲液陈旧	电泳缓冲液多次使用后，离子强度降低，pH上升，缓冲能力减弱，从而影响电泳效果。TBE建议使用10次就更换缓冲液
	所用电泳条件不合适	电泳时电压不应超过20 V/cm，温度<30 ℃。巨大DNA链，温度<15 ℃。核查所用电泳缓冲液是否适合
	DNA上样量过多	减少凝胶中DNA上样量
	DNA含盐量过高	电泳前通过乙醇沉淀去除过多的盐分
	有蛋白污染	电泳前酚抽提去除蛋白
	DNA变性	电泳前勿加热，用20 mmol/L NaCl缓冲液稀释DNA

（续表）

常见问题	原因	对策
DNA条带淡弱或无DNA带	DNA的上样量不够	增加DNA的上样量
	DNA降解	实验过程中应避免核酸酶污染
	DNA跑出凝胶	缩短电泳时间，降低电压，提高凝胶浓度
	分子大小相近的DNA带不易分辨	增加电泳时间，使用正确的凝胶浓度
	DNA变性	电泳前请勿高温加热DNA链，用20 mmol/L NaCl缓冲液稀释DNA
DNA Marker条带扭曲	配制凝胶的缓冲液和电泳缓冲液不是同时配制的	使用同时配制的缓冲液，电泳时缓冲液高过凝胶表面1~2 mm即可
	电泳时电压过高	可以在电泳前15 min用较低电压（3 V/cm），等条带出孔后，再调为高电压

参考文献

1.J.萨姆布鲁克，D.W.拉塞尔著，黄培堂等译.分子克隆实验指南（第3版）[M].北京：科学出版社，2016.

2.黄永莲.琼脂糖凝胶电泳实验技术研究[J].湛江师范学院学报，2009，30(6):83-85.

3.刘水平，罗志勇.琼脂糖凝胶电泳实验技巧[J].实用预防医学，2006，13(4):1068-1069.

4.王燕，彭莉萍，罗镇明.琼脂糖电泳中核酸染料Goldview最佳使用方案的建立[J].遵义医学院学报，2012，35(4):276-278.

实验20 动物细胞/组织总RNA的提取及鉴定

RNA是基因表达的中间产物，存在于细胞质与细胞核中。对RNA进行操作在分子遗传学中占有重要地位。获得高纯度和完整的RNA是很多分子遗传学实验所必需的，如Northern杂交、分子克隆、cDNA合成及体外翻译等实验的成败，在很大程度上取决于RNA的质量。

一、实验目的

（1）理解动物细胞和组织总RNA提取的基本原理。

（2）了解并掌握动物细胞和组织总RNA提取的方法。

（3）掌握动物细胞和组织总RNA质量鉴定的方法。

二、实验原理

由于细胞内的大部分RNA是以核蛋白复合体的形式存在，所以在提取RNA时要利用高浓度的蛋白质变性剂迅速破坏细胞结构，使核蛋白与RNA分离，释放出RNA。在提取的过程中要抑制内源和外源的RNA酶（RNase）活性，保护RNA分子不被降解。因此提取RNA时必须在无RNase的环境中进行，还可使用RNase抑制剂，如DEPC是RNase的强抑制剂，常用来抑制外源RNase活性。

细胞或组织中总RNA提取最经典的方法是Trizol提取法。在样品裂解或匀浆过程中，Trizol能保持RNA完整性。Trizol的主要成分是苯酚，可有效变性蛋白，从而裂解细胞，使细胞中的蛋白、核酸解聚并得到释放。苯酚虽可有效地变性蛋白质，但不能完全抑制RNase活性，因此Trizol中还加入了8-羟基喹啉、异硫氰酸胍、β-巯基乙醇等来抑制内源和外源RNase。0.1% 8-羟基喹啉可以抑制RNase，与氯仿联合使用可增强其抑制作用。异硫氰酸胍属于解耦剂，是一类强力的蛋白质变性剂，可溶解蛋白质并使蛋白质二级结构消失，导致细胞结构降解，加速核蛋白与核酸的分离。β-巯基乙醇能破坏RNase蛋白质中的二硫键。在样品裂解或匀浆过程中，Trizol能保持RNA完整性。加入氯仿后，溶液分为水相和有机相，RNA是离子化合物，溶于水相中，异丙醇能够夺取水相中RNA周围的水分，使RNA能够聚集而沉淀。

三、实验材料

1.材料

悬浮或单层生长的细胞样品或动物组织样品、吸头（10 μL、200 μL、1000 μL）、1.5 mL离心管、锡箔纸、滤器（0.22 μm、0.45 μm）。

2.仪器

超净工作台、高压蒸汽灭菌锅、紫外分光光度计、研钵或组织匀浆器、高速冷冻离心机、电泳仪、电泳槽、凝胶成像系统、旋涡振荡器、移液器、电子天平。

3.试剂

乙醇、DEPC（焦碳酸二乙酯）、异丙醇、PBS、无RNase的水、Trizol、GoldView（或溴化乙啶）、琼脂糖、甲醛、乙酸钠、MOPS、EDTA、甘油、溴酚蓝、甲酰胺。

（1）无RNase的水（0.1% DEPC水）：取DEPC 1 mL，加入1 L超纯水中，经猛烈振摇混匀后，放置过夜，然后121 ℃高压蒸汽灭菌20 min。

（2）10×MOPS电泳缓冲液：含200 mmol/L 3-吗啉丙磺酸（MOPS）、20 mmol/L 乙酸钠、10 mmol/L EDTA（pH=8.0）。将41.8 g MOPS溶解于700 mL无菌DEPC水中，用2 mol/L NaOH将pH调节至7.0。加入20 mL DEPC水配制的1 mol/L 乙酸钠和20 mL DEPC水配制的0.5 mol/L EDTA（pH=8.0），用DEPC水将溶液的体积调整到1 L。用0.45 μm的滤器过滤除菌，于室温下避光储存。

（3）1×MOPS电泳缓冲液：100 mL 10×MOPS电泳缓冲液、20 mL 37%甲醛（12.3 mol/L）、880 mL 无RNase水加到一起，混匀。

（4）5×变性上样缓冲液：量取溴酚蓝饱和水溶液16 μL、500 mmol/L EDTA（pH=8.0）80 μL、37%甲醛（12.3 mol/L）720 μL、100%甘油2 mL、甲酰胺3084 μL、10×MOPS电泳缓冲液4 mL，用无RNase水定容至10 mL，4 ℃冰箱中保存。

（5）75%乙醇：取无水乙醇75 mL，加入25 mL DEPC水，混合均匀。

四、实验方法

(一)防止RNase污染的措施

RNA提取过程总的原则是预防RNase污染,其中任何一个环节操作不当都可能导致RNase污染。全过程中推荐使用无RNase的一次性塑料器皿、吸管或吸头,对已标明RNase-free的塑料制品,如没有开封使用过,通常没有必要再次处理;对于其他塑料制品和玻璃器皿,原则上都必须进行去RNase处理。在操作过程中重点控制RNase活性,以获得高质量的RNA。

(1)所有的玻璃器皿、研钵、小勺、镊子、剪刀等都要洗净晾干,然后用锡箔纸包裹好置于180 ℃高温下烘烤6 h以上。

(2)待处理的塑料制品放入一个可以高压蒸汽灭菌的容器中,注入0.1% DEPC水,使塑料制品的所有部分都浸泡到溶液中,在通风柜中室温处理过夜。用锡箔纸封住装有DEPC水处理过的塑料制品的容器,高压蒸汽灭菌至少30 min,然后放入烘箱中烘烤至干燥。

注意事项:

①DEPC为剧毒物,活性很强,在通风柜需小心使用。

②处理过塑料制品的DEPC水溶液小心倒入废液瓶中收集起来。

(3)有机玻璃的电泳槽等可先用去污剂洗涤,去离子水冲洗,乙醇干燥,再浸泡在3% H_2O_2室温作用10 min,然后用0.1% DEPC水冲洗,晾干。

(4)配制的溶液应尽可能用0.1% DEPC水在37 ℃处理12 h以上,然后用高压蒸汽灭菌除去残留的DEPC。不能高压蒸汽灭菌的试剂,应当用DEPC处理过的无菌超纯水配制,然后经0.22 μm滤器过滤除菌。

(5)有条件者使用RNA操作专用实验台、超净工作台、移液器、离心机等器械。

(6)操作人员需戴一次性口罩、帽子、手套,实验过程中手套要勤换。

(二)Trizol法提取总RNA

(1)样品匀浆。样品的体积不超过用于匀浆的裂解试剂体积的10%。准备并匀浆单层细胞,悬浮培养物或组织样本。

①贴壁生长的单层细胞

a.用6孔板或35 mm培养皿培养的细胞,吸去培养液后用1~2 mL预冷的PBS漂洗细胞两次。

b.将残留的PBS移除,直接在培养皿中加入1 mL Trizol,轻轻晃动培养皿,使Trizol和细胞充分接触，并用吸头吹打几次细胞裂解液，使细胞充分裂解和混匀。

②悬浮生长的细胞

a.取6孔板或培养皿中的细胞悬液，室温下1200 r/min离心5~10 min，收集细胞。

b.去除培养基，用预冷的PBS重悬细胞，1200 r/min离心5 min以沉淀细胞。

c.每(5~10)×10^6个细胞加入1 mL Trizol反复吹打，或通过注射器针头抽吸裂解液使细胞充分裂解。

③组织

a.液氮处理样品：从-80 ℃冰箱中取出组织，立即用锡箔纸或一次性PE手套包裹后用力锤击，使大块组织破碎后再称取所需质量组织，余下组织装入样品管中立即放回-80 ℃冰箱中保存。将称取重量后的组织立即放入液氮预冷的研钵中进行研磨，期间不断加入液氮，保证组织在破碎过程中保持低温。组织样品充分研磨成粉末，取50~100 mg组织用1 mL Trizol裂解组织样本。

b.用组织匀浆器处理样品：取50~100 mg组织于1.5 mL离心管中，加入1 mL Trizol，用高速组织匀浆器进行匀浆。组织匀浆器匀浆应在冰上操作，避免一次匀浆时间过长，产生过多热量导致RNA降解。一个组织匀浆完毕后应立即将组织匀浆器冲洗干净，并将其外套管卸下，然后将外套管内外及匀浆轴完全清洗干净，再用氯仿冲洗干净后再继续下一个组织的匀浆，以防止交叉污染。

注意事项：

Trizol的量一般按照1 mL Trizol/100 mg组织的比例加入，必要时根据不同组织进行调整，如肝脏、胰腺等组织的酶类丰富，RNA含量也较高，应以1 mL Trizol/100 mg组织或更高的比例添加；心肌、骨骼肌等组织的结缔组织较多，不易匀浆，也应适当增加；乳腺组织RNA含量较少，应用0.5 mL Trizol/100 mg组织的比例。对于蛋白质、脂肪、糖类或细胞外物质含量高的样品，如肌肉和脂肪组织，可执行下述步骤(c)和(d)。

c.匀浆后样品于4 ℃ 12 000 ×*g*离心10 min，从组织匀浆液除去不溶物。脂肪组织样本需去除上层的脂肪。

d.将澄清的匀浆溶液转移到新的离心管中。

(2)将匀浆样品在室温(15~30 ℃)放置5 min，使核酸蛋白复合物完全解离。

(3)每1 mL Trizol裂解试剂加入0.2 mL氯仿，盖紧管盖，剧烈振荡15 s，并在室温下孵育2~3 min。

(4)4 ℃ 12 000 ×*g*离心10 min。混合物分为下层酚-氯仿相、中间相和上层的水相，RNA存在于水相中。

(5)把水相转移到新的离心管中,加入等体积异丙醇,室温放置10 min。4 ℃ 12 000 ×g离心10 min。

(6)弃上清,加入1 mL 75%乙醇涡旋混合,洗涤RNA沉淀,然后4 ℃ 12 000 ×g离心5 min。

(7)弃上清,可短暂离心后用吸头尽量去除乙醇。打开离心管管盖,室温放置3~5 min使乙醇完全挥发,然后加入20~50 μL无RNase的水溶解RNA,用吸头反复吹打几次。

(三)RNA的质量检测

1.紫外分光光度法检测RNA浓度及纯度

用DEPC水校正零点(用溶解RNA的相同溶剂),然后用DEPC水稀释RNA样品;测定样品在230 nm、260 nm、280 nm处的紫外吸收值。污染物如苯酚和蛋白质会影响260 nm处吸光度的读数,苯酚在波长230 nm处有强烈的吸收,而芳香族氨基酸的吸收峰在280 nm处。根据RNA样品在260 nm处吸光度值,可计算出RNA的浓度。

$$\text{RNA样品浓度}(\mu g/mL)=A_{260}\times 40\times\text{稀释倍数}$$

在260 nm处吸光度相对于280 nm的吸光度比值(A_{260}/A_{280})可以用于评估样品的纯度,纯的总RNA样品A_{260}/A_{280}=2.0。当A_{260}/A_{280}吸光度 =1.8~2.0时,表示存在蛋白质或者酚类物质的污染,但污染在可接受范围之内;当A_{260}/A_{280}<1.8时,溶液中蛋白质或其他有机物污染比较明显,一般不建议继续进行下游实验。A_{260}/A_{230}值可用于评估有机化合物或盐类的污染水平,它们在波长230 nm处有强烈吸收能力,导致A_{260}/A_{230}有低吸光度值。理想情况下,提取RNA的A_{260}/A_{230}的值应接近2.0。

2.琼脂糖凝胶甲醛变性电泳检测

(1)制备凝胶(1.5%):称1.5 g琼脂糖,加72 mL DEPC水,加热溶化。冷却至60 ℃,加入10×MOPS缓冲液10 mL、甲醛(37%)18 mL和5 μL核酸染料,混匀后倒入制胶板中。

(2)制备样品:取RNA样品与5×变性上样缓冲液以4∶1置于RNase-free离心管中,混匀,65 ℃温育5~10 min,迅速在冰上冷却,离心数秒。

(3)上样:将凝胶放入电泳槽中,加入1×MOPS电泳缓冲液,高过凝胶约1 mm,5~7 V/cm的电压电泳5 min,加入RNA样品到加样孔中电泳20~30 min。

(4)凝胶成像系统观察并分析:待溴酚蓝迁移至凝胶长度的2/3~4/5处结束电泳。RNA样品电泳后,在凝胶成像系统中可见28S、18S及5S rRNA三条带。离点样孔最近的条带为28S rRNA,中间为18S rRNA,离点样孔最远的条带是5S rRNA。若28S rRNA和18S rRNA条带明亮、清晰、条带锐利(指条带的边缘清晰),没有杂带和拖尾现象,且28S rRNA条带的亮度约为18S rRNA的两倍,认为RNA质量较好;出现弥散片状或条带消失,表明样品严重降解；点样孔附近有条带，表明样品有DNA污染，应采用DNase处理纯化；若有降解可能是操作不当或污染了RNase，如28S rRNA和18S rRNA亮度的比值逆转，则表明RNA降解。

（四）RNA的存储

正确的存储可以减少RNase污染和样品的降解。以下为几个可供选择的用于存储纯化RNA的方法。

（1）用水性缓冲液溶解沉淀并储存于-80 ℃。常用的缓冲液包括TE（10 mmol/L Tris-HCl，1 mmol/L EDTA，pH=7.0），含SDS（0.1%~0.5%）的TE，含有0.1 mmol/L EDTA的DEPC水或商品化的RNA储存液。RNA在-80 ℃可以保存一年。

（2）盐/乙醇混悬液-80 ℃储存RNA。1/10体积的3 mol/L乙酸钠和2倍体积100%乙醇在-80 ℃下储存该混合物，不需要通过离心沉淀RNA。低pH、高乙醇含量及低温的结合将稳定RNA并抑制酶活性，这是长期储存RNA的首选方法。但是后续使用前离心回收时会有部分损失，可以离心得到RNA沉淀，并溶解在水溶性缓冲液，然后再吸取。

（3）用去离子甲酰胺溶解沉淀，并存储于-20 ℃。在这种条件下，RNA至少可以稳定保存1年。用时用4倍体积的乙醇沉淀即可回收其中的RNA，或用0.2 mol/L NaCl 4倍稀释甲酰胺，然后加入2倍体积的乙醇可以回收溶于甲酰胺溶液中的RNA。

当从存储状态回收RNA样品时，最好在冰上解冻样品，以避免被RNase降解。建议按照使用量分装RNA，这样可避免反复冻融对RNA的损伤，并可防止RNase污染。

五、实验结果分析

（1）结果记录。

①A_{230} = ______________________________；

②A_{260}= ______________________________；

③A_{280}= ______________________________；

④A_{260}/A_{280}=______________________________；

⑤A_{260}/A_{230}= ______________________________；

⑥RNA浓度= ______________________________；

⑦描述甲醛变性凝胶电泳28S rRNA条带：______________________________；

⑧描述甲醛变性凝胶电泳18S rRNA条带：______________________________；

⑨描述甲醛变性凝胶电泳5S rRNA条带：______________________________；

⑩条带亮度28S rRNA/18S rRNA = ______________________________；

⑪画出RNA电泳结果示意图。

(2)对实验结果进行分析。

六、思考题

(1)为什么称量时使用烘烤处理的称量勺？为什么所有操作均要在冰浴中进行？

(2)RNA样品电泳后，可见28S、18S及5S rRNA条带，则说明完整性好，这是为什么？

(3)在RNA洗涤过程中，为什么不用无水乙醇？

(4)在RNA质量鉴定时，采用琼脂糖凝胶电泳检测RNA是否降解，为什么要用甲醛变性凝胶电泳？

(5)分析图6-2中RNA电泳的结果，并提出改进的措施。

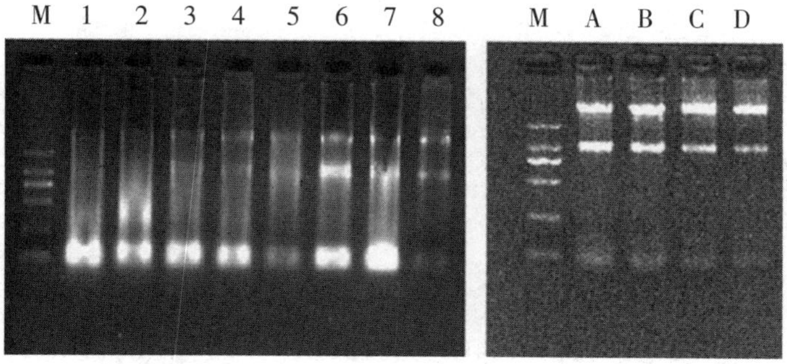

图6-2　RNA凝胶电泳结果

七、实验拓展

Trizol法提取DNA

Trizol法最大特点是可同时分离一个样品的RNA\DNA\蛋白质，Trizol使样品匀浆化，细胞裂解，溶解细胞内含物，同时因含有RNase抑制剂可保持RNA的完整性。在加入氯仿离心后，溶液分为水相和有机相，RNA在水相中。取出水相用异丙醇沉淀可回收RNA；用乙醇沉淀中间层可回收DNA；用异丙醇沉淀有机相可回收蛋白质。

DNA的分离方法

准备试剂：乙醇、0.1 mol/L柠檬酸钠(含10%乙醇)、75%乙醇、8 mol/L NaOH。

(1)样品加氯仿分层后，移去上层水相，用乙醇沉淀中间层和有机相中的DNA。每使用1 mL Trizol加0.3 mL无水乙醇混匀，室温放置3 min，2~8 ℃不超过2000×g离心5 min。

(2)移去上清(如需分离蛋白质，可保留)，用含10%乙醇的0.1 mol/L柠檬酸钠洗涤DNA沉淀。每用1 mLTrizol加入1mL柠檬酸钠，室温放置30 min，4 ℃ 2000×g离心5 min，弃上清，重复一次。

(3)用75%乙醇再洗一遍DNA沉淀，每用1 mL Trizol加入1.5~2 mL 75%乙醇，室温放置10~20 min(不时颠倒混合)，4 ℃ 2000×g离心5 min，弃上清。

(4)室温放置晾干DNA 5~15 min，用8 mmol/L NaOH溶解DNA。从50~70 mg组织或1×10^7个细胞中分离的DNA溶于300~600 μL 8 mmol/L NaOH，DNA的浓度通常为0.2~0.3 μg/μL。提取的DNA沉淀不易溶于水和Tris缓冲液中，建议用弱碱溶解，8 mmol/L NaOH的pH为9，溶解DNA后可用TE、HEPES调节pH。从某些样品(尤其是组织)中提取的DNA中可能包含一些胶状不溶物，可用12 000 ×g离心10 min除去。

预期产量：1 mg组织提取的DNA分别为肝和肾3~4 μg，骨骼肌、脑组织和胎盘2~3 μg，人、大鼠和小鼠培养细胞(1×10^6个细胞)5~7 μg。

参考文献

1. 李开桢，曲亮，黄春玲，等．适宜猪背最长肌mRNA差异显示分析的2种总RNA提取方法的比较[J]. 江苏农业学报，2009，25(3)：572-575.

2. 唐朋，凌笑笑，梁春年，等．牦牛精子总RNA提取方法的研究[J]. 中国畜牧杂志，2018，54(2)：48-52.

3. 黄学文，潘杰，赵兰静，等．3种血浆微小RNA提取方法的评价[J]. 检验医学，2018，33(4)：335-338.

4. 徐文凯，郑相相，刘丽霞，等．意大利蜜蜂大龄幼虫总RNA提取方法优化[J]. 甘肃畜牧兽医，2018，48(12)：63-66.

实验21

聚合酶链式反应

聚合酶链式反应(Polymerase chain reaction，PCR)开始于20世纪70年代早期，由Khorana与他的同事最早提出，是一种降低化学合成基因工作量的策略。在热稳定DNA聚合酶尚未发现之前，PCR可能还是一种笨拙的实验方法，一种嗜热水生菌来源的热稳定DNA聚合酶的应用，大大增加了PCR的效率，使PCR方法趋于自动化。自1980年末，PCR已广泛用于基因扩增、DNA测序、突变检测、cDNA克隆、等位基因分析等。PCR方法具有特异性强、灵敏度高、操作简便、省时等优点，几乎是所有现代分子克隆技术的基石。

一、实验目的

(1)掌握PCR的原理与基本操作技术。

(2)掌握PCR仪的使用方法。

(3)掌握PCR产物的琼脂糖凝胶电泳检测方法。

二、实验原理

聚合酶链式反应是一种体外快速扩增特异DNA片段的技术，PCR是在DNA聚合酶催化下，以母链DNA为模板，以特定引物为延伸起点，通过变性、退火、延伸等步骤，体外复制出与母链模板DNA互补的子链DNA的过程。PCR反应体系中通常需要模板DNA、DNA聚合酶、dNTP、Mg^{2+}和引物。

PCR技术的基本原理类似于DNA的天然复制过程，其特异性依赖于与靶序列两端互补的寡核苷酸引物。PCR由变性-退火-延伸三个基本反应步骤构成(图6-3)。①模板DNA的变性：模板DNA经加热至95 ℃左右一定时间后，DNA双链或经PCR扩增形成的双链DNA解开成为单链，便于与引物结合，为下一轮反应做准备；②模板DNA与引物的退火(复性):模板DNA经加热变性成单链后,温度降至55 ℃左右,引物与模板DNA单链的互补序列配对结合;③引物的延伸:DNA模板-引物结合物在72 ℃、DNA聚合酶(如*Taq* DNA聚合酶)的作用下,以dNTP为反应原料,以靶序列为模板,按碱基互补配对与半保留复制原理,合成一条新的与模板DNA链互补的半保留复制链。每一循环经过变性、退火和延伸,DNA含量增加一倍,重复循环变性-退火-延伸三个过程就可获得更多的“半保留复制链”,而且这种新链又可成为下次循环的模板。每完成一个循环需2~4 min,2~3 h就能将目的基因扩增放大几百万倍。

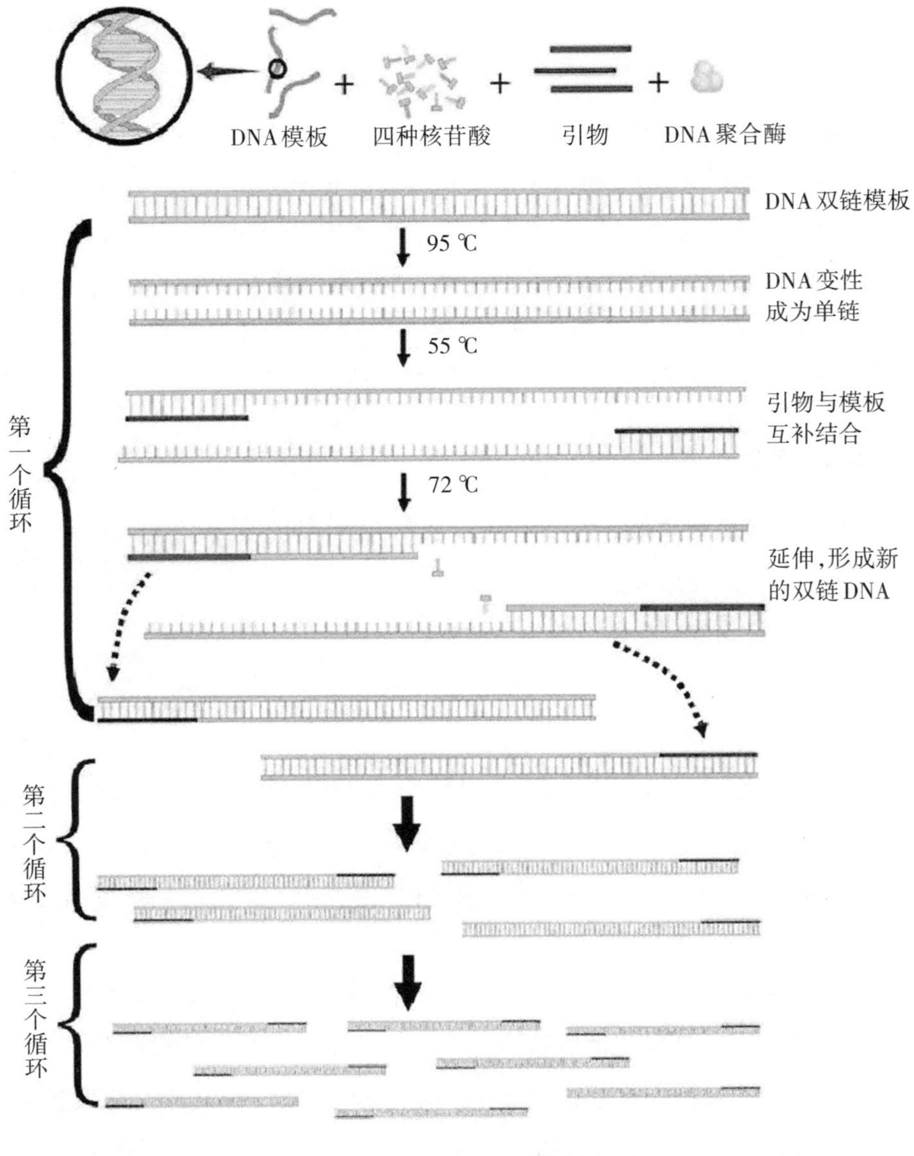

图6-3　PCR原理示意图

1.模板DNA

各种来源的DNA都可作为PCR扩增的模板，大多数用途的PCR反应对DNA模板的要求并不严格，理论上10^2~10^4拷贝的模板足以满足各种要求的PCR反应。模板的浓度可以影响PCR的结果，因为模板浓度越高，越会增加非特异性条带，不仅会形成二聚体，而且模板之间也会形成非特异性条带。因此，为了保证扩增的特异性，对于不同来源的模板，起始浓度有一定的要求（表6-4）。

表6-4　PCR模板DNA起始浓度

模板	加入量
λDNA	100 pg~100 ng
质粒DNA	100 pg~10 ng
大肠杆菌基因组DNA	100 pg~100 ng
人类基因组DNA	10 ng~200 ng

2.引物

引物指与待扩增的模板DNA区段两端序列互补的人工合成的寡核苷酸短片段，其长度通常为15~30个核苷酸，它包括正向引物和反向引物，正向引物是在5’端与正义链互补的寡核苷酸，反向引物是在3’端与反义链互补的寡核苷酸。两引物在模板DNA上的结合位点之间的距离决定了扩增区段的长度。

3.DNA聚合酶

热稳定DNA聚合酶能催化模板依赖的DNA合成。目前有多种酶可供选择，这些酶在保真度、扩增效率及合成大片段DNA的能力方面有所不同。对常规PCR反应来说，*Taq* DNA聚合酶（0.5~2.5 U/25~50 μL标准反应体系）仍然是首选的酶。标准的PCR反应体系含有2×10^{12}~10×10^{12}个酶分子。

4.dNTP

标准的PCR反应含有等摩尔数的dATP、dTTP、dCTP、dGTP，每种dNTP的推荐浓度是200~250 μmol/L，$MgCl_2$的浓度为1.5 mmol/L。在50 μL反应体系中，这个浓度足以合成6~6.5 μg DNA。dNTP低至20 μmol/L也能合成0.5~1.0 pmol 1 kb的DNA分子。但是，过高浓度的dNTP（大于4 mmol/L）反而会抑制PCR反应。dNTP的质量与浓度和PCR扩增效率有密切关系。在PCR反应中，dNTP浓度过低会降低PCR产物的产量；浓度过高时，会引起非特异性条带的产生。dNTP能与Mg^{2+}结合，使游离的Mg^{2+}浓度降低。

5.Mg^{2+}

镁离子有两个功效：一是和dNTP结合成复合物，作为聚合酶的底物；二是稳定引物-

模板复合体。镁离子影响了引物退火，从而影响PCR的特异性。较高的游离镁离子浓度可以增加产量，但也会增加非特异性扩增。一般来说，PCR产物的产量和镁离子浓度的关系呈钟形，当镁离子浓度过低时，引物复性到模板上的效率低；当镁离子浓度过高时，DNA二聚体配对强度过高，以至于加热也难以有效解链，由于dNTP和核苷酸结合镁离子，故镁离子的摩尔浓度应该超过dNTP和引物共同拥有的磷酸基团的摩尔数。因此，各种情况下的镁离子浓度很难确定。虽然1.5 mmol/L是最常使用的镁离子浓度，但每组引物模板组合的最佳镁离子浓度都必须通过实验来确定。

三、实验材料

1.材料

DNA样品、吸头（10 μL、200 μL）、0.2 mL PCR管。

2.仪器

PCR仪、移液器、小型高速离心机、电泳仪、电泳槽、凝胶成像系统或紫外透射仪、超净工作台、涡旋振荡器、微波炉、电子天平、吸头盒。

3.试剂

引物、Mg^{2+}、10×Buffer、dNTP、*Taq* DNA聚合酶、DNA Marker、ddH_2O、溴酚蓝。

四、实验方法

1.PCR反应体系

在一个灭菌的0.2 mL PCR离心管中，依次加入表6-5中的溶液，振荡混匀，瞬时离心。

表6-5 PCR反应体系

试剂及浓度	体积
10×Buffer	2.5 μL
2 mmol/L dNTP	2.5 μL
25 mmol/L Mg^{2+}	1.5 μL
10 μmol/ L 正向引物	1 μL
10 μmol/ L 反向引物	1 μL
100~200 ng/μL 模板DNA	1 μL
Taq DNA聚合酶（5 U/μL）	0.25 μL
补加ddH_2O至	25 μL

注意事项：

（1）可直接使用2×PCR扩增预混合溶液，其含有*Taq* DNA聚合酶、dNTPs、Buffer、Mg^{2+}等PCR扩增必需组分（模板与引物除外）。

（2）如果应用热启动方案程序，在反应混合液的上层可加一层液体石蜡。

2. 设置PCR反应程序

按照以下程序设置PCR的反应条件。

95 ℃	预变性5 min	
95 ℃	变性 30 s	35个循环
55 ℃	退火 30 s	
72 ℃	延伸 45 s	
72 ℃	延伸10 min	
4℃	保存45 min	

注意事项：

（1）PCR的变性温度多处于90~98 ℃之间。

（2）每一个PCR退火温度与延伸时间不是固定的，取决于引物的长度、碱基组成及其浓度，还有靶基因序列的长度。

（3）T_m值对于设定PCR退火温度是必需的。在T_m值允许范围内，选择较高的退火温度可大大降低引物和模板间的非特异性结合，提高PCR反应的特异性。合理的退火温度区间为50~70 ℃。退火温度一般设定得比引物的T_m值低5 ℃。同时，退火温度决定PCR的特异性与产量，温度高特异性强，但过高则引物不能与模板牢固结合，DNA扩增效率下降；温度低产量高，但过低可造成引物与模板错配，非特异性产物增加。因此，可以通过设置一系列梯度实验，以确定某一特定反应的最适退火温度。一般先由T_m-5 ℃开始，以2 ℃为增量，逐步提高退火温度。

（4）退火时间一般为30~60 s，足以使引物与模板之间完全结合。

（5）酶的种类和本身的性质决定了其延伸温度，普通的*Taq*酶和常用的Pfu DNA聚合酶，其延伸温度一般设置为72 ℃，其他的高保真酶，如KOD-plus则为68 ℃。

（6）PCR延伸反应的时间应根据待扩增片段的长度而定，一般按照每分钟延伸1000 bp的速率来计算所要延伸的时间，3~4 kb的靶序列需3~4 min；扩增10 kb需延伸15 min。延伸时间过长会导致非特异性扩增带的出现，对低浓度模板的扩增，延伸时间要稍长些。

3. 上样，启动反应程序

将加好样品的PCR反应管放入PCR仪中，启动PCR的反应程序（图6-4）。

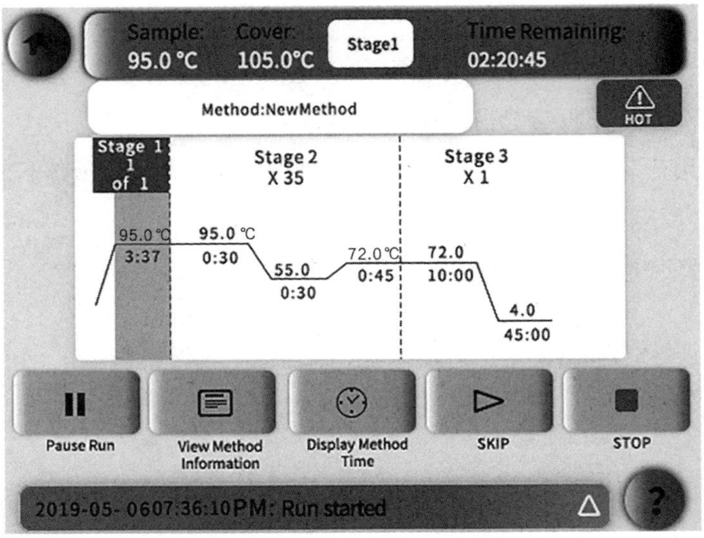

图6-4 运行PCR程序界面

4.PCR扩增产物的电泳检测

PCR结束后，利用琼脂糖凝胶电泳检测PCR扩增产物，操作方法参见实验19。为了判断PCR目的片段大小是否正确，在电泳时需在每排琼脂糖凝胶孔的第一孔中加入适宜分子量的DNA Marker作为参照。在选择Marker时，尽量选择与目标条带分子量接近的Marker或是在目标分子量附近条带较多的Marker。

5.凝胶成像分析

电泳结束后，在凝胶成像系统上进行观察，判断分析PCR扩增产物的片段大小和特异性，并照相保存。一次成功的扩增反应应该产生与我们预期大小一致的DNA片段。扩增产物可用于DNA序列分析、Southern杂交、限制性核酸内切酶酶切图谱鉴定。

五、实验结果分析

(1)结果记录。

①电泳条带亮度描述：________________________________；

②是否有非特异性条带：________________________________；

③电泳条带片段大小：________________________________；

④电泳条带描述：________________________________；

⑤画出凝胶电泳条带图谱。

(2)根据实验结果，总结实验成功或失败的原因，并阐述如何调整。

六、思考题

(1)若PCR扩增产物通过琼脂糖凝胶电泳出现拖带、涂抹带或多个条带，其可能的原因是什么？如何调整PCR反应体系中引物、*Taq* DNA聚合酶、dNTP、Mg^{2+}的浓度？

（2）PCR的反应条件如何确定？分析PCR扩增中的注意事项。

（3）以猪的基因组DNA为模板扩增氟烷基因片段，并对实验结果进行分析。

（4）查阅资料，设计引物对鸡的性别进行鉴定。

（5）图6-5是某一基因PCR扩增产物的琼脂糖凝胶电泳检测结果，分析应如何调整PCR反应条件。

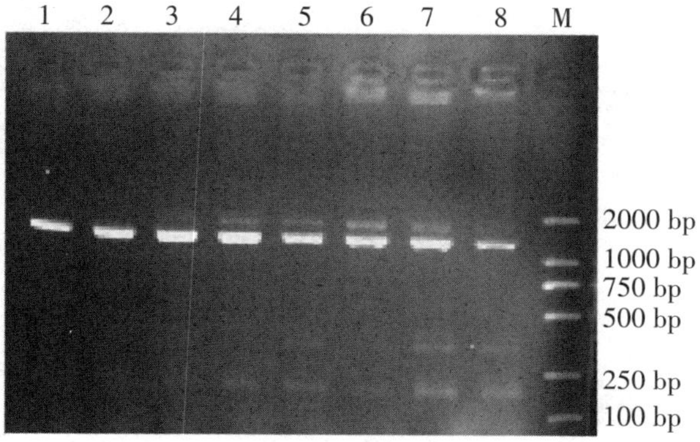

图6-5　PCR扩增产物的琼脂糖凝胶电泳检测结果

七、实验拓展

1.引物设计的基本原则

（1）引物长度一般为15~30 bp，常用的是18~27 bp，但不应大于38 bp，因为过长会导致其延伸温度大于74 ℃，不适于*Taq* DNA聚合酶进行反应。

（2）引物GC含量一般为40%~60%，以45%~55%为宜，过高或过低都不利于引发反应，上下游引物GC含量不能相差太大。

（3）上下游引物T_m值要保持接近，引物所对应的模板序列的T_m值最好在72 ℃左右。

（4）引物3'端的碱基，特别是最末及倒数第二个碱基，会影响*Taq* DNA聚合酶的延伸效率，最好选择G和C，不选A。

（5）引物5'端和中间ΔG值应该相对较高，而3'端ΔG值相对较低（绝对值不要超过9）。ΔG值是指DNA双链形成所需的自由能，该值反映了双链结构内部碱基对的相对稳定性。引物的3'端的ΔG值过高，容易在错配位点形成双链结构并引发DNA聚合反应。

（6）引物二聚体及发夹结构的能值过高（超过4.5 kcal/mol）易导致产生引物二聚体，并且降低引物有效浓度而使PCR反应不能正常进行。

（7）引物的5'端可以修饰。如附加限制性内切酶位点，引入突变位点，用生物素、荧光物质标记等。

2. 利用NCBI网站 Primer-blast设计引物

（1）首先进入NCBI网站（https://www.ncbi.nlm.nih.gov/），如图6-6。

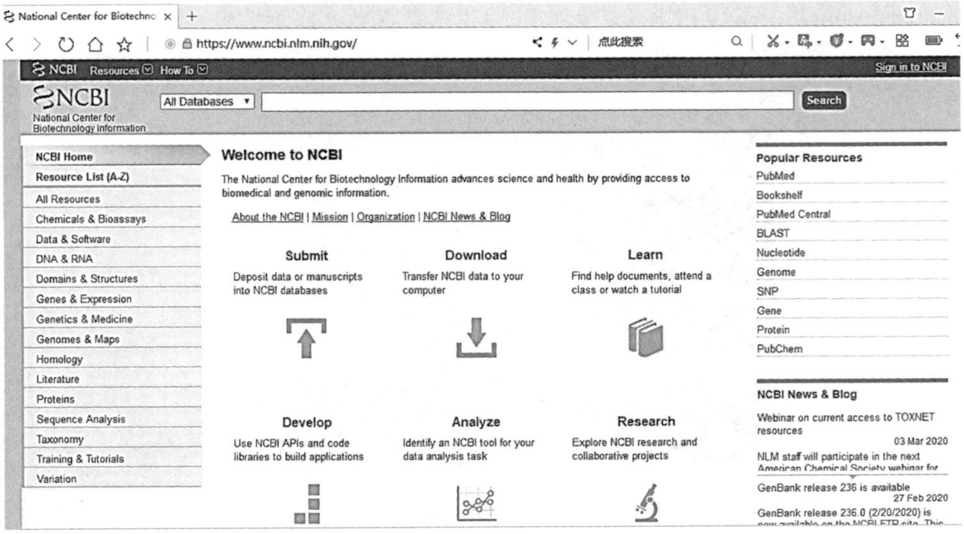

图6-6　NCBI网站界面

（2）然后从"All Databases"下拉菜单点击"Nucleotide"（图6-7），以牛的FoxO4基因为例子，搜索FoxO4基因，在搜索栏中键入"FoxO4 and cattle"，然后点击"Search"，搜索结果如图6-8。为了设计用于扩增FoxO4基因部分cDNA序列的引物，我们需要用mRNA序列（其实同样可以设计普通PCR引物）。

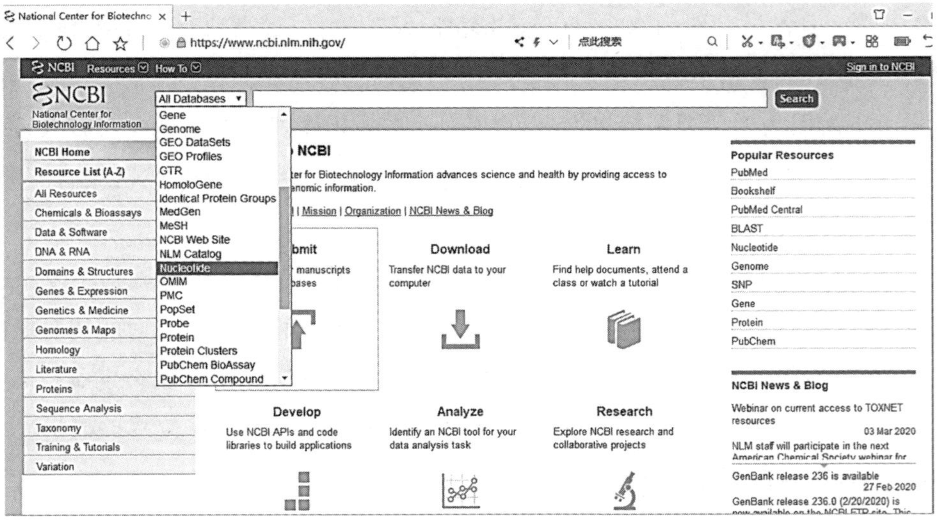

图6-7　NCBI网站界面"All Databases"下拉菜单

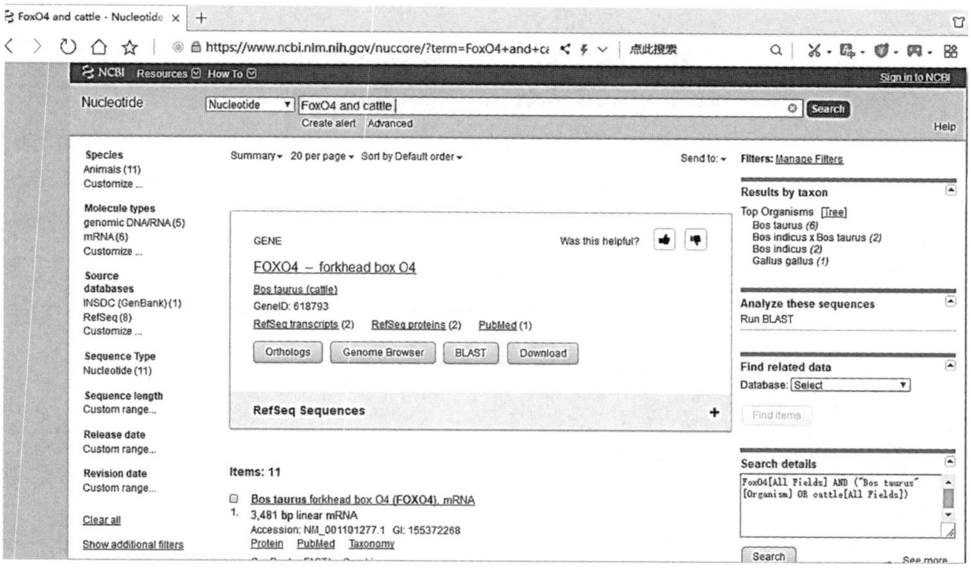

图6-8 基因检索界面

(3)选择一个FoxO4基因的mRNA序列:NM_001101277.1,点击后如图6-9所示。

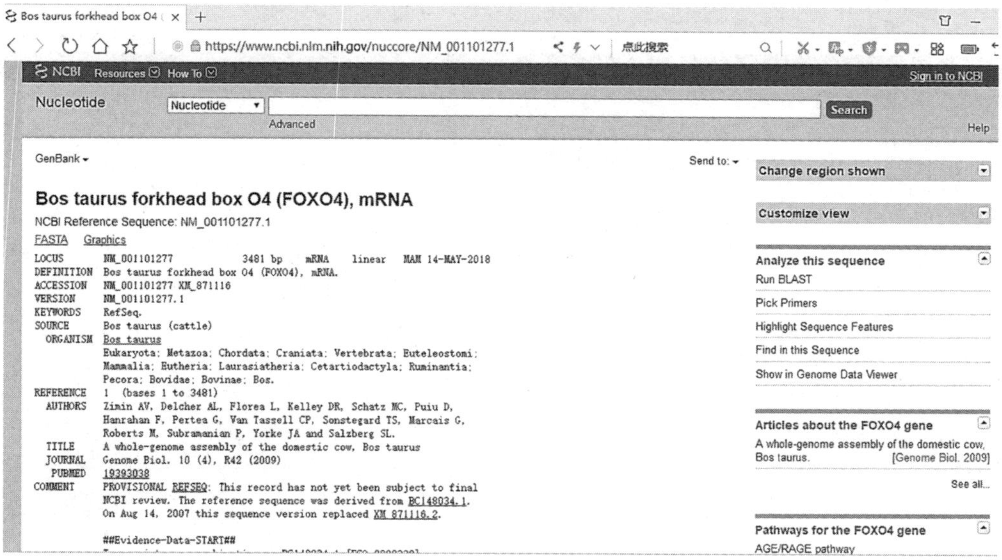

图6-9 基因序列界面

(4)在FoxO4基因序列这一页面右边"Analyze this sequence"下面点击"Pick Primers"这个选项(图6-10),链接进入引物设计网站(图6-11)。这里设计的引物是建立在Blast的基础之上的,也就是说每对引物都会经过Blast,可以避免非特异性产物的产生。

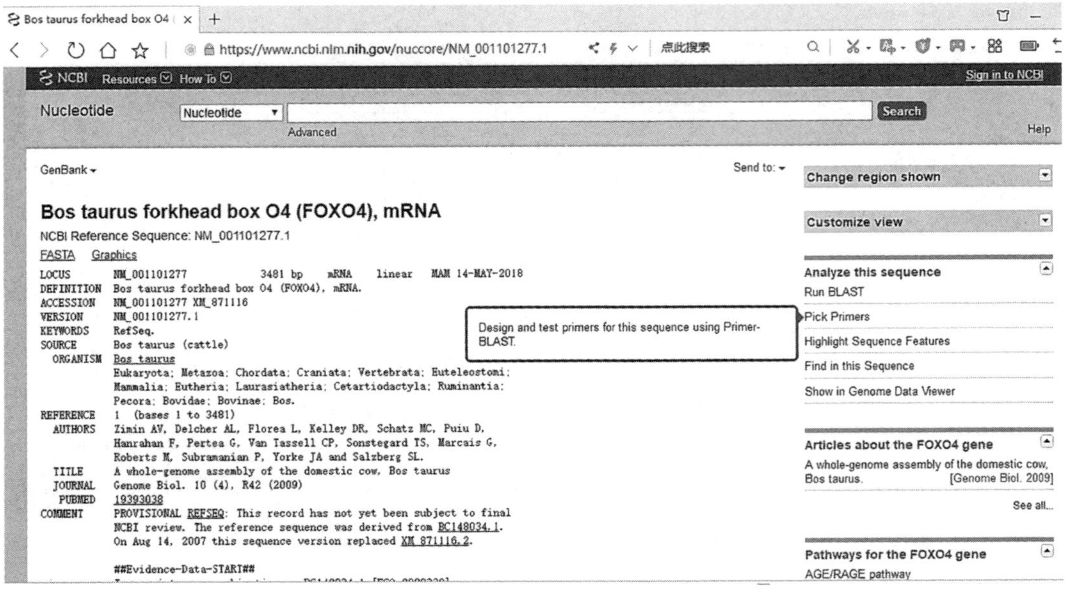

图6-10　引物设计网站链接

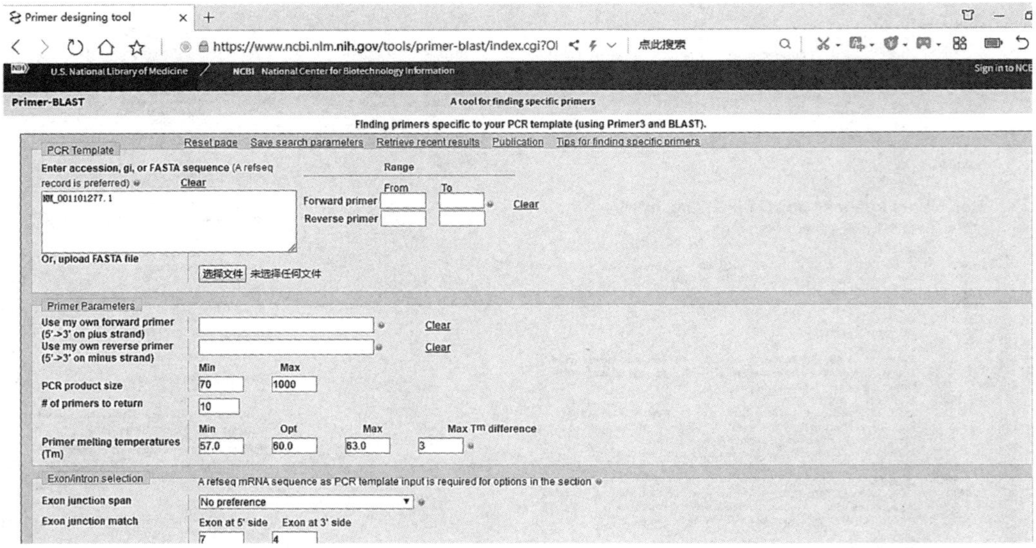

图6-11　引物条件设定界面

（5）点击确认后，会弹出一个Blast的对话框，在框里会自动生成mRNA的序列号，或者手动粘贴序列，设置PCR产物的长度（荧光定量PCR产物长度一般为80~300 bp，普通PCR根据自己所需的片段大小来设定）、退火温度（退火温度自己设定好，一般上下浮动2~3 ℃）。在下面“Exon/intron selection”选项里有三个选项（图6-12），第一个选项“No preference”，第二个选项“Primer must span an exon-exon junction”的意思是产物跨越外显子(荧光定量PCR引物一般设置为跨越两个外显子,避免DNA序列也被扩增出来),第三个选项"Primer may not span an exon-exon junction"的意思是产物可能不跨越外显子。本例中PCR产物长度设置为80~300 bp,"Exon/intron selection"选择"No preference"。

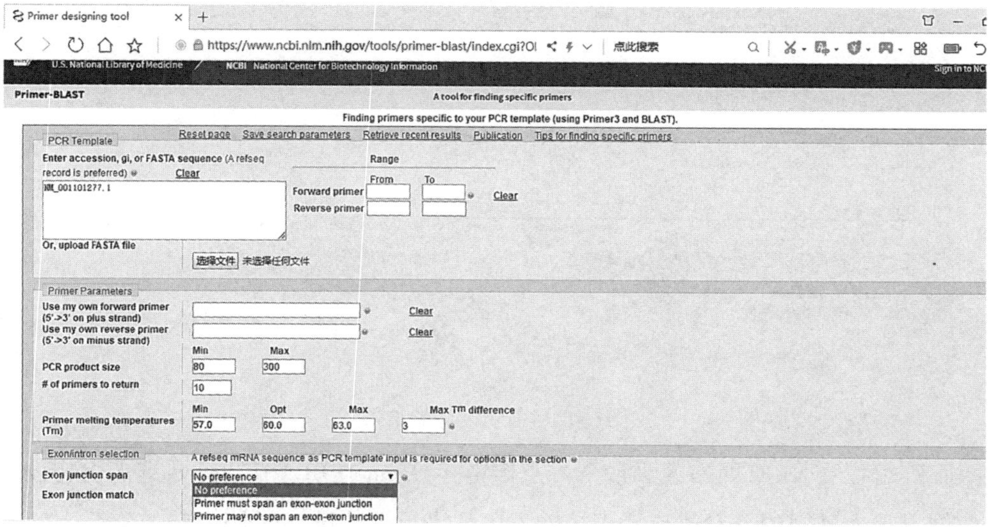

图6-12　引物设计外显子-内含子选择

(6)点击"Get primers",得到结果如图6-13所示。

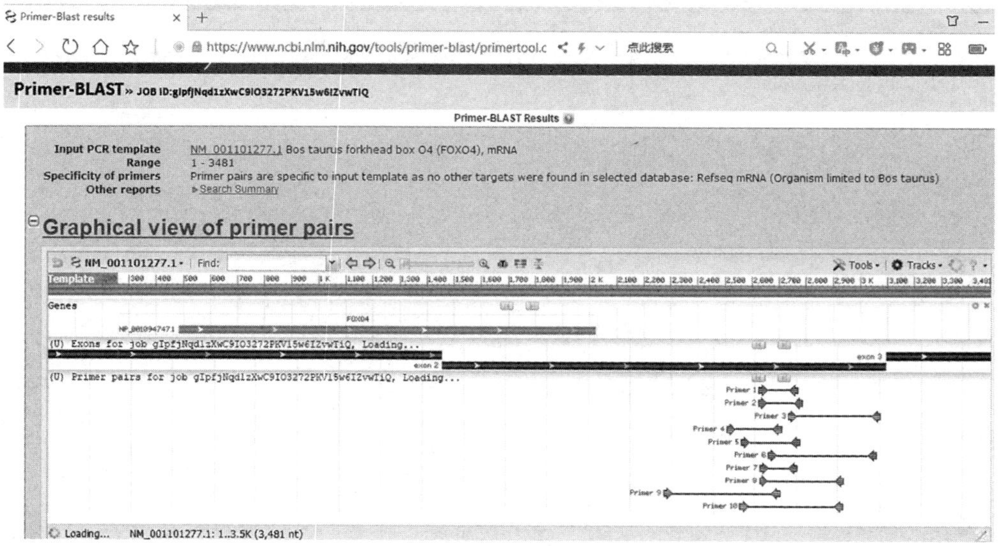

图6-13　引物所在位置

上面红色的一段就是CDS序列,下面黑色的是外显子,蓝色的就是PCR产物,根据自己的需求就可以选合适的引物(图6-14)。

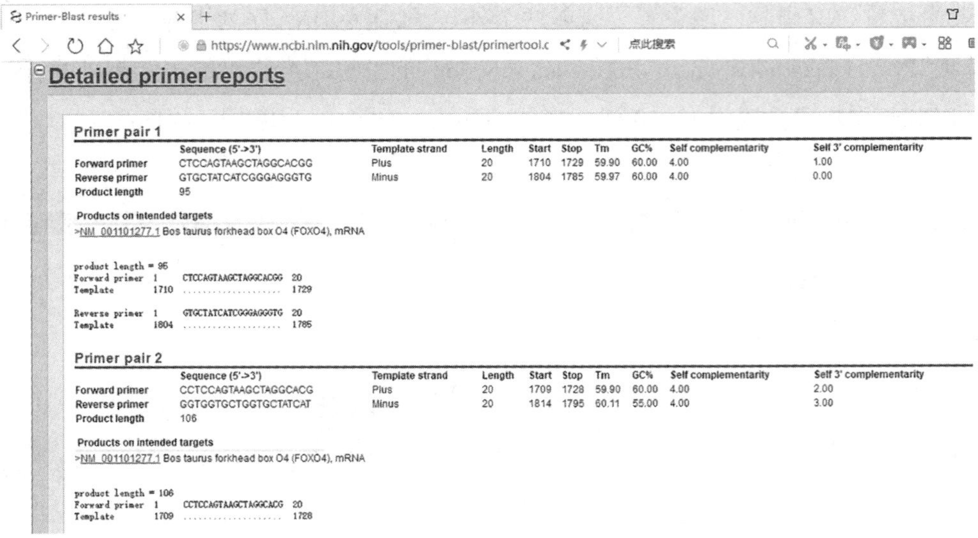

图6-14　引物设计的结果

注意:可以在NEBI网站主页最下方点击链接“Primer-BLAST”,打开进入引物设计界面,在框里输入基因的登录号或者直接输入序列进行引物设计(图6-15)。

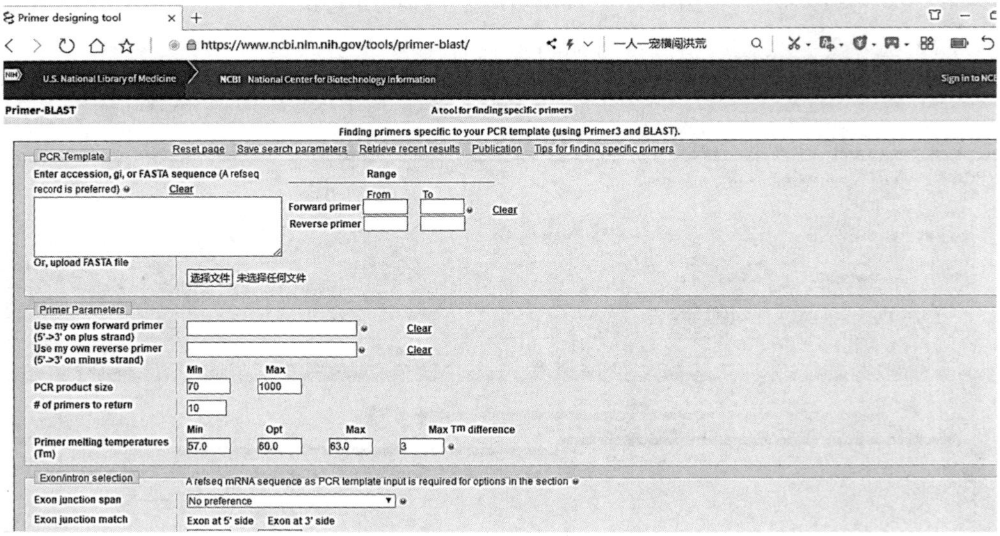

图6-15　Primer-BLAST界面

参考文献

1. 武会娟，伦永志. 临床科研常用分子生物学技术[M]. 北京：北京科学技术出版社，2015.

2. J. 萨姆布鲁克，D.W. 拉塞尔著，黄培堂等译. 分子克隆实验指南(第3版)[M]. 北京：科学出版社，2016.

3. 屈伸，刘志国. 分子生物学实验技术[M]. 北京：化学工业出版社，2008.

4. 吴乃虎. 基因工程原理(第2版)[M]. 北京：科学出版社，2001.

实验22

cDNA的合成及实时荧光定量PCR

实时荧光定量PCR(Quantitative Real-time PCR)是在PCR定性技术基础上发展起来的核酸定量技术。它是在PCR反应体系中加入荧光基团,利用荧光信号累积实时监测整个PCR进程,最后对未知模板进行总量分析或通过C_t值对模板进行定量分析的方法。在Real-time PCR技术的发展过程中,定量PCR仪的发展起了至关重要的作用。1995年,美国PE公司成功研制了*Taq*Man技术,1996年推出了首台荧光定量PCR检测系统,它能够扩增特异性核酸序列并同时测定其浓度,可在反应过程实时监测PCR扩增的动力学过程,这使核酸定量检测的方法产生了革命性变化。实时荧光定量PCR由于操作简便、灵敏度高、重复性好等优点,发展非常迅速,已经被广泛应用于等位基因的差异表达分析、SNP检测、等位基因的检测、药物开发、临床诊断、转基因研究等生命科学研究的各个领域。

一、实验目的

(1)理解cDNA合成及实时荧光定量PCR的基本原理。

(2)掌握cDNA合成及实时荧光定量PCR的操作步骤与方法。

(3)了解实时荧光定量PCR的应用。

二、实验原理

(一)cDNA合成的原理

cDNA是指经过逆转录后与RNA互补的DNA链。cDNA合成是指以mRNA为模板,采用Oligo(dT)或六聚体寡聚核苷酸随机引物在反转录酶(reverse transcriptase)作用下合成的cDNA。合成的cDNA可用于后续目的基因的表达检测。目前常用的反转录酶主要有两种：一种是来源于禽成髓细胞性白血病病毒(avian myeloblastosis virus，AMV)反转录酶；另一种是来源于莫洛尼鼠白血病病毒(moloney murine leukemia virus，M-MLV)反转录酶。

（二）实时荧光定量PCR的原理

1.相关概念

(1)荧光阈值(threshold)：PCR反应的前15个循环的荧光信号作为荧光本底信号，荧光阈值的缺省(默认)设置是3~15个循环的荧光信号的标准偏差的10倍。荧光阈值一般由仪器自动设定，也可在PCR指数扩增范围内人为调整。

(2)C_t值(Cycle threshold，循环阈值)：每个反应管内的荧光信号到达设定阈值时所经历的最小循环数。

(3)熔解曲线：在PCR反应完成后，通过逐渐增加温度的同时检测每一步的荧光信号来产生熔解曲线，在扩增产物的熔解温度上有一特征峰(T_m，DNA双链解链50%的温度)，用这个特征峰就可以将特异性产物与其他产物如引物二聚体区分开，用以确认产物的特异性(图6-16)。

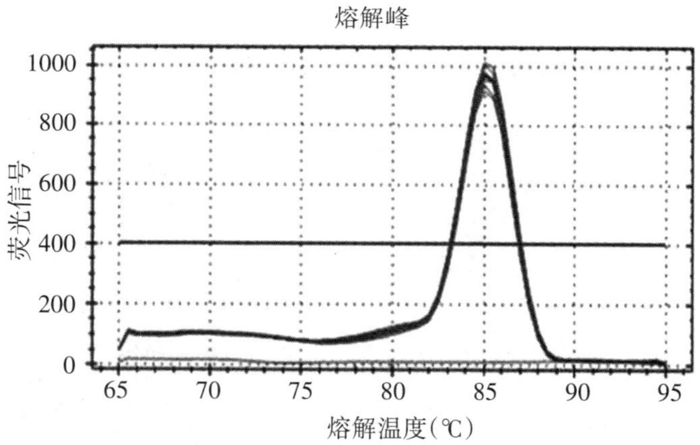

图6-16　实时荧光定量PCR熔解曲线

(4)内参基因(Reference gene)：用于对数据进行标准化对照。内参基因应该在不同实验条件或不同时间点上、在各个样品中的表达都基本不变。GAPDH、β-actin或rRNA通常被用作内参基因。不过，最佳策略是通过实验数据仔细筛选符合自身实验设计的内参基因。

(5)C_t值与起始模板的关系：每个模板的C_t值与该模板的起始拷贝数的对数存在线性关系，公式如下：

$$C_t=-1/\lg(1+Ex)*\lg X_0+\lg N/\lg(1+Ex)$$

C_t为扩增反应的循环次数，X_0为初始模板量，Ex为扩增效率，N为荧光扩增信号达到阈值强度时扩增产物的量。

起始拷贝数越多，C_t值越小。利用已知起始拷贝数的标准品可作出标准曲线，其中横坐标代表起始拷贝数的对数，纵坐标代表C_t值。因此，只要获得未知样品的C_t值，即可从标准曲线上计算出该样品的起始拷贝数。

2. 实时荧光定量PCR的数学原理

描述PCR动态进程的曲线即扩增曲线（图6-17），它实际上并不是一条标准的指数曲线，而是S形曲线。但是，在PCR扩增曲线的指数增长区的某一区域内，扩增产物的重复性好，如果在该区域适当位置设定荧光检出界限值即阈值（threshold），而将某一扩增样本在达到荧光阈值时的循环数定义为C_t值，那么，起始模板量越多，荧光信号达到阈值的循环数越少，即C_t值越小，反之则越多。经证明，C_t值与起始模板数的对数值成反比线性关系。

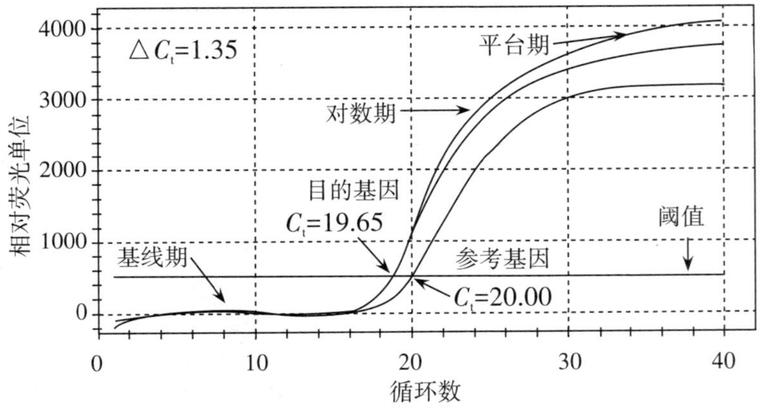

图6-17 实时荧光定量PCR扩增曲线

按照数学计算方法的差异，实时荧光定量PCR可以分为以下两种。

（1）绝对定量：将待检样品中靶基因的C_t值与标准曲线（C_t值对浓度的对数）上已知浓度的标准品C_t值进行比较，通过标准曲线换算得到靶基因的浓度。利用已知起始拷贝数的标准品可作标准曲线，只要获得未知样品的C_t值，即可从标准曲线上计算出该样品的起始拷贝数。制作标准曲线所用的模板一般是cDNA或质粒，先准备连续梯度稀释（倍比稀释）的标准品，一般以最高浓度开始，可设置8个（最少5个）10倍系列稀释的点来确保标准曲线能覆盖实验中所有可能会用到的模板浓度，然后对这些标准品进行荧光定量PCR以得到各自C_t值和扩增曲线。理想情况下，一系列稀释样品产生的扩增曲线应是均匀间隔的，相邻两个模板浓度间的C_t值相差约3.32个循环数（图6-18），均匀间隔的扩增曲线可产生线性的标准曲线，其反应效率为90%~105%。

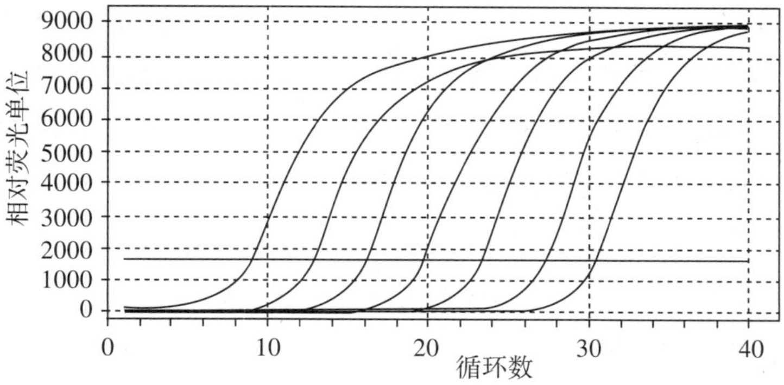

图6-18　梯度稀释标准品的扩增曲线

（2）相对定量：在相对定量中，将待测样品中靶基因的C_t值与参比样本（校准品）的C_t值进行比较，结果用样本中的靶基因量相对于校准品量的比值（或差异倍数）来表示，此方法用来测定两个不同样品中靶基因量的相对差异值。

（三）实时荧光定量PCR种类

1.SYBR Green染料法（荧光嵌合法）

SYBR Green是一种能结合所有双链DNA（dsDNA）双螺旋小沟区域的具有绿色激发波长的染料。在游离状态下，SYBR Green发出微弱的荧光，但一旦与双链DNA结合后，荧光大大增强。因此，SYBR Green的荧光信号强度与双链DNA的数量相关，可以根据荧光信号检测出PCR体系存在的双链DNA数量。SYBR Green的最大吸收波长约为497 nm，最大发射波长约为520 nm。当PCR反应体系中的模板被扩增时，SYBR Green可以有效结合到新合成的双链上，随着PCR扩增的进行，双链DNA逐渐增加，DNA结合的SYBR Green染料越来越多，被仪器检测到的荧光信号越来越强。DNA变性时，双链减少，荧光信号降低。由于在PCR扩增的指数时期，模板的C_t值和该模板的起始拷贝数存在线性关系，通过每个PCR循环结束时的荧光强度检测，可以间接推断DNA增加的量，从而达到定量的目的（图6-19）。

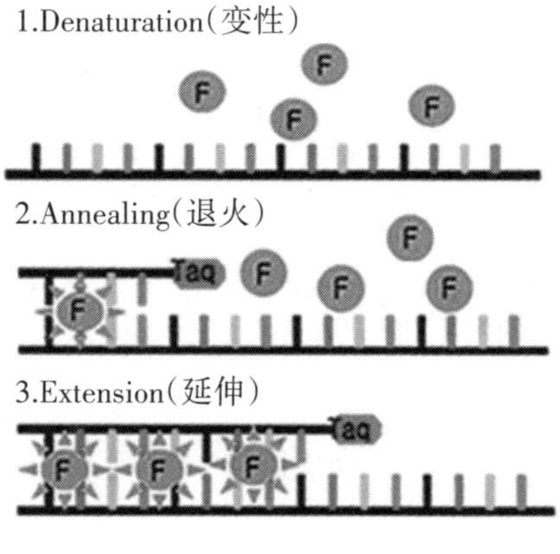

图6-19　SYBR Green染料法实时荧光定量PCR

注意：SYBR Green可与二聚体或非特异性扩增产物结合，产生假阳性信号，因此需要在PCR结束后进行熔解曲线分析以判断扩增的特异性程度。此外还需要特别优化用于荧光嵌合法研究的引物序列，以最大程度防止非特异性扩增的发生。建议将PCR产物进行Sanger测序以验证引物扩增片段为目的基因。

2.*Taq*Man荧光探针法

PCR扩增体系中，在加入一对引物的同时加入一个基因特异性的荧光探针(Probe)，该探针为一寡核苷酸，两端分别标记一个报告荧光基团(F)和一个淬灭荧光基团(Q)。探针完整时，报告荧光基团发射的荧光信号被淬灭荧光基团吸收。PCR刚开始时，探针结合在DNA一条单链上；PCR扩增时，*Taq*酶的5'端→3'端外切酶活性将探针酶切降解，使报告荧光基团和淬灭荧光基团分离，从而荧光监测系统可接收到荧光信号，即每扩增一条DNA链，就有一个荧光分子形成，实现了荧光信号累积与PCR产物形成完全同步(图6-20)。

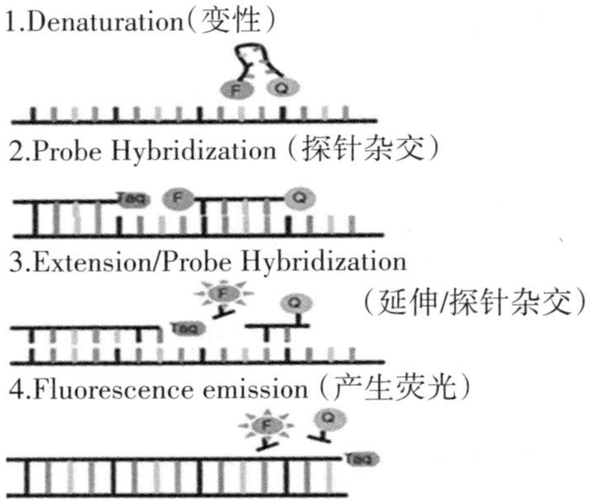

图6-20　探针法实时荧光定量PCR

三、实验材料

1.材料

RNA、无RNase和DNase的吸头(200 μL、10 μL)、200 μL PCR管、1.5 mL EP管、96孔板或8联管、96孔封膜或8联管盖。

2.仪器

离心机、PCR仪、荧光定量PCR仪。

3.试剂

反转录试剂盒、荧光定量PCR Mix(SYBR Green法)、特定基因的引物。

四、实验方法

(一)cDNA合成

目前有很多商业化的RNA反转录试剂盒可供选用。每个试剂盒都有匹配的扩增体系和反应条件，建议在进行RNA反转录时根据所选用的试剂盒进行配制。以下以宝生物(TaKaRa)的PrimeScript™ RT reagent Kit with gDNA Eraser(Perfect Real Time)反转录试剂盒为例进行反转录实验，具体步骤如下。

1. 去除基因组DNA反应

为了准确地进行基因表达量分析，必须满足只有cDNA作为模板被检出的先决条件。但由于总RNA中常常混有基因组DNA，其可以直接作为PCR反应的模板进行扩增，因此会造成解析结果不准确。为了避免这种情况发生，需要对总RNA样品进行DNase I处理，以除去残存的基因组DNA。

按表6-6将所需成分于冰上配制反应混合液，为了保证反应液配制的准确性，进行各项反应时，应先按反应数+2的量配制Master Mix，然后再分装到每个反应管中，最后加入RNA样品。配制好的混合液彻底混匀，短暂离心后，42 ℃孵育3 min，反应完成后立即放置在冰上。

表6-6　去除基因组DNA反应液配制

试剂	使用量
5×gDNA Eraser Buffer (5×gDNA去除缓冲液)	2.0 μL
gDNA Eraser(gDNA去除剂)	1.0 μL
Total RNA (总RNA)	1 μL *[1]
RNase Free ddH_2O(无RNA酶的去离子水)	up to 10 μL(补足至10 μL)

*[1]:此反应体系中，Total RNA添加的体积根据其浓度进行调整，SYBR Green qPCR法最多可使用1 μg的Total RNA，探针qPCR法最多可用2μg的Total RNA。

2. 反转录反应

反应液配制在冰上进行(表6-7)。为了保证反应液配制的准确性，进行各项反应时，应先按反应数+2的量配制Master Mix，然后再分装10 μL到每个反应管中。轻柔混匀后立即进行反转录反应，获得的cDNA放-20 ℃保存备用。

表6-7　反转录反应液体系

试剂	使用量
步骤1的反应液	10.0 μL
PrimeScript RT Enzyme Mix I (反转录酶混合液)	1.0 μL

（续表）

试剂	使用量
RT Primer Mix (Oligo dT Primer)（反转录引物混合物）	1.0 μL
5×PrimeScript Buffer 2(for Real Time)（5×缓冲液）	4.0 μL
RNase Free ddH_2O（无RNA酶的去离子水）	4.0 μL
Total	20 μL*

*：反转录体系可以根据需要相应扩大。

（二）荧光定量PCR（RT-PCR）反应

本实验以SYBR Green法为例进行介绍，目前有很多商业化的荧光定量试剂盒可供选用，每个试剂盒都有推荐的扩增体系和反应条件，建议按照购买的试剂盒进行操作。

1.反应液配制

按表6-8所列组分配制PCR反应液（反应液配制在冰上进行）。考虑到吸液误差，配置的预混液体积要至少多于所有反应液总体积的10%。为获取可靠的数据，每个样本建议做3个重复。

表6-8　Real Time PCR反应液配制表

试剂	使用量	终浓度
2×SYBR Green 荧光染料	12.5 μL	1×
Forward Primer（10 μM）正向引物	1.0 μL	0.4 μmol/L*
Reverse Primer（10 μM）反向引物	1.0 μL	0.4 μmol/L*
cDNA	2 μL	—
ddH_2O	8.5 μL	—
Total	25 μL	—

*：通常引物终浓度为0.4 μmol/L可以得到较好结果。反应性能较差时，可以在0.2~1.0 μmol/L范围内调整引物浓度。

2.实时荧光定量PCR反应

实时荧光定量PCR可采用两步法或三步法进行，如果该程序得不到良好的实验结果时，再进行PCR条件的优化。

（1）两步法PCR扩增程序。

95 ℃ 预变性 3 min。PCR反应GOTO：95 ℃ 变性10 s，60 ℃退火 30 s，39（或40）个循环。Melt Curve，熔解曲线温度范围为65~95 ℃，增量温度区间为0.5 ℃，每个增量温度保持5 s（图6-21）。

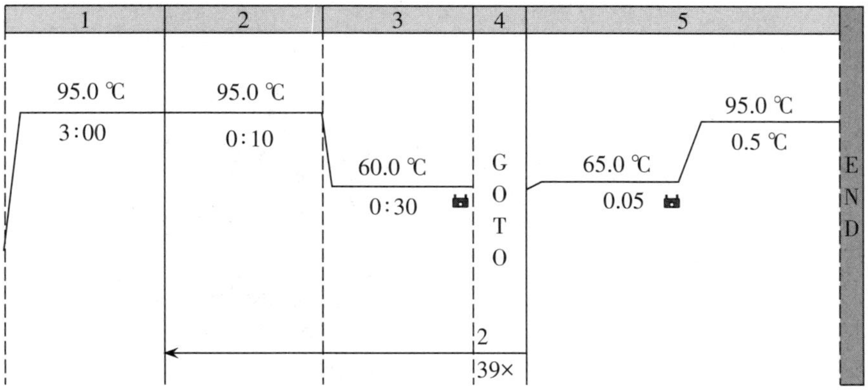

图6-21　荧光定量PCR两步法扩增反应程序

（2）三步法PCR扩增程序。

95 ℃预变性3 min。PCR反应GOTO：95 ℃变性10 s，60 ℃退火30 s，72 °C延伸30 s，39（或40）个循环。Melt Curve，熔解曲线温度范围为65~95 ℃，增量温度区间为0.5 ℃，每个增量温度保持5 s（图6-22）。

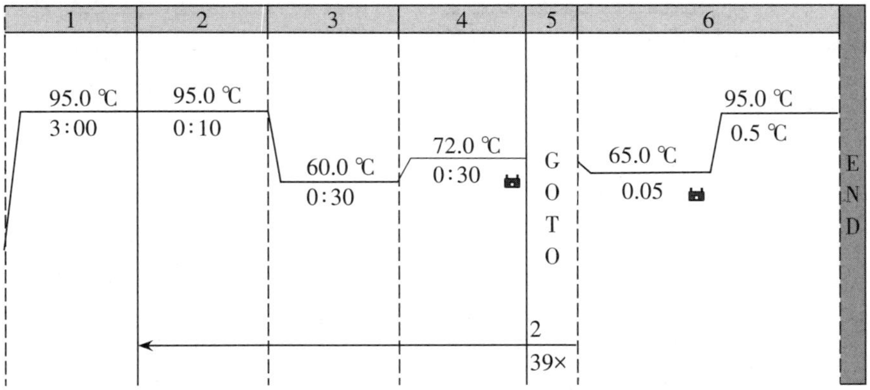

图6-22　荧光定量PCR三步法扩增反应程序

（三）实时荧光定量PCR质量评价

1.熔解曲线分析

荧光定量PCR扩增曲线必须是“S”形，熔解曲线峰型要单一、高耸、起落陡峭（图6-23）。而特异性差的则往往表现基线波动大、双峰或多峰，峰型平缓、宽泛等。

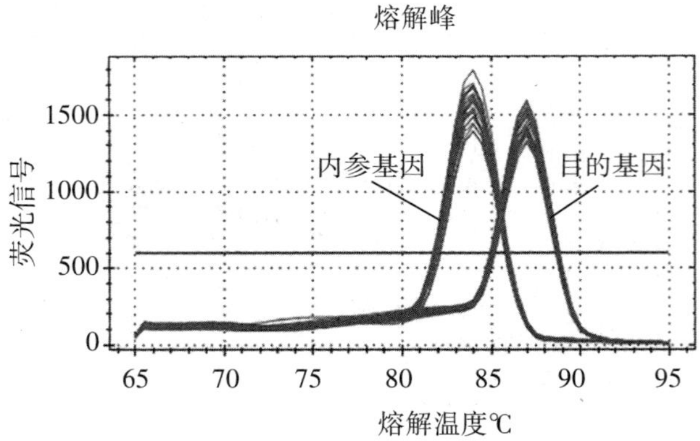

图6-23　荧光定量PCR目的基因和内参基因的熔解曲线

2.标准曲线的判读

标准曲线评价依靠反应直线的相关系数和反应扩增效率的斜率两个指标。理想的标准曲线，R^2>0.98，扩增效率90%<E<105%，斜率接近-3.32左右。如图6-24所示，标准曲线的扩增效率为90.3%，R^2=0.999。

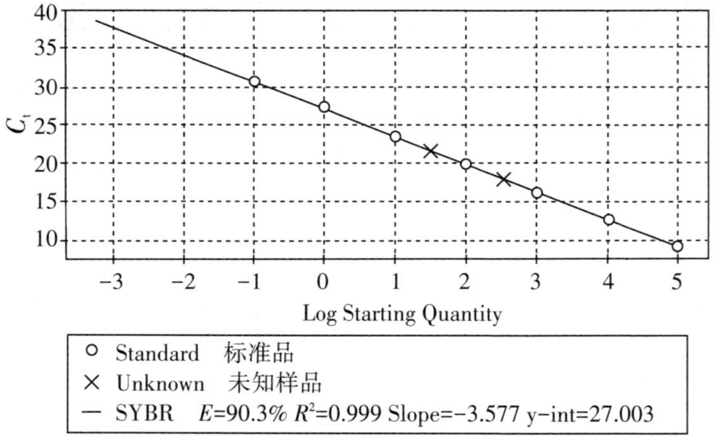

图6-24　实时荧光定量PCR标准曲线

(四)实时荧光定量PCR数据分析

样本荧光定量PCR结束后，将由仪器自动给出每个反应孔的C_t值。进行定量PCR时，同一样本复孔间的C_t值的变异系数不应超过20%。剔除不符合要求的复孔样本后，进行数据分析。利用荧光定量PCR检测出目的基因和内参基因C_t值后，可计算出目的基因与内参基因的相对表达量。根据Livak的数学推导，在目的基因和内参基因的扩增效率一致的基础上，即目的基因与内参基因的PCR标准曲线斜率很接近时，目的基因的相对表达量常用$2^{-\Delta\Delta C_t}$的方法进行分析。具体步骤如下：首先样本内数据均一化处理：

$C_{t目的基因}-C_{t内参基因}=\triangle C_t$，然后所有处理样本和对照样本进行比较：$\triangle C_{t处理样本}-\triangle C_{t对照样本}=\triangle\triangle C_t$。例如表6-9：

表6-9　实时荧光定量PCR数据分析

	$C_{t目的基因}$	$C_{t内参基因}$	$\triangle C_t$	$\triangle\triangle C_t$	$2^{-\triangle\triangle Ct}$
对照	26.1	16.7	9.4	0	1
处理1	23.8	16.0	7.8	-1.6	3
处理2	22.8	17.7	5.1	-4.3	20

五、实验结果分析

(1)结果记录。

①描述实时荧光定量PCR扩增曲线：________________________；描述熔解曲线：________________________________。

②实时荧光定量PCR标准曲线扩增效率E=__________，R^2=__________，斜率=______________。

③对照组目的基因C_t：__________，平均C_t：__________。

④对照组内参基因C_t：__________，平均C_t：__________。

⑤处理组目的基因C_t：__________，平均C_t：__________。

⑥处理组内参基因C_t：__________，平均C_t：__________。

(2)根据实验结果，计算不同处理组基因表达量的变化。

六、思考题

(1)如何确保产生一致的、高质量的荧光定量PCR实验数据?

(2)为何荧光定量PCR要有内参基因进行校正?

(3)进行荧光定量PCR实验时引物设计的基本原则是什么?如何确保设计引物所扩增目标基因的特异性?

(4)标准曲线一般被用来确定荧光定量PCR的扩增效率，如何制作标准曲线?

(5)你认为荧光定量PCR可以有哪些应用领域?

(6)比较SYBR Green染料法和Probe探针法的优缺点。

(7)如何设计荧光定量PCR实验方案?

七、实验拓展

实时荧光定量PCR反应引物、探针设计和反应条件的优化

实时荧光定量PCR的准确性取决于对反应条件的恰当优化，以得到最佳的效率、特异性及灵敏度。优化的关键在于使DNA扩增效率最大化。理想情况下，实时荧光定量PCR实验中DNA扩增效率应该非常高，为90%~105%。优化包括一系列步骤：选择合适的扩增序列，设计引物（和探针），优化引物（和探针）的浓度，分析扩增图谱。此外，如果是SYBR Green Ⅰ，还需要在扩增后进行熔解曲线分析，以确定是否有降解反应和非特异性产物（如引物二聚体）。

（一）靶序列的选择

设计实时荧光定量PCR所需引物和探针的第一步是确定靶序列。选择扩增的靶区域时有几个参数需要考虑。

1.扩增产物长度

为了得到高效率的扩增，扩增序列的长度要相对短一些，最好为80~150 bp，尽量不超过400 bp。

2.目标序列选择

使用BLASTN搜索引擎分析靶序列是否存在多态性或测序错误，设计引物（探针）时要避开多态性或测序错误的区域。靶序列中的重复序列以及与其他基因组的同源序列会导致引物非特异性结合，引物（探针）设计时也应避开这些序列。

3.序列GC含量

扩增序列中的GC含量必须小于或等于60%，以确保热循环过程中能有效变性，从而提高扩增效率。

4.内含子数目

基因组位点上的扩增子要跨越两个或更多个内含子，以避免污染的基因组序列、假基因及其他相关基因的共扩增。如果在反转录聚合酶链反应中使用Oligo（dT）引物，扩增子应该设计在模板的3’端。

（二）模板的质量

当模板质量能达到扩增要求且扩增方法没有错误时，实时荧光定量PCR才能可靠使用。DNA损伤会影响扩增效率，一些PCR添加剂（如DMSO）和污染物（如提取过程中残留的SDS）能抑制DNA聚合酶，从而影响实时荧光定量PCR的结果。如果使用长寡核苷酸作为扩增靶分子，需要进行PAGE纯化。

(三)引物和探针设计

1.实时荧光定量PCR引物要求

(1)长度。引物长度应为18~30个核苷酸。

(2)熔解温度(T_m)。引物的T_m应为55~60 ℃,引物对中的两条引物T_m之差应不超过2~3 ℃。

(3)引物序列。引物中应避免出现任何反向重复序列,每条引物的3'端最后5个碱基中应该有一个G或C(但最多2~3个),5'端不应有任何可能导致引物二聚体形成的互补序列。

(4)引物GC含量。引物的GC含量应为50%左右(理想的是40%~60%)。

2.*Taq*Man探针要求

(1)探针长度。*Taq*Man探针最佳长度为20个核苷酸(不超过30个核苷酸),可实现最大淬灭。

(2)探针熔解温度(T_m)。*T*aqMan探针的T_m要求比引物的T_m高约10 ℃,通常T_m值应为65~70 ℃。

(3)探针序列。应该避免连续的单碱基重复序列,尤其是G。此外,探针5'端不应该含有太多G,应该尽可能接近引物3'端,但不能重叠,以确保*Taq* DNA聚合酶快速切割降解。一般情况下,应该避免探针和靶序列直接的错配,并且探针不应该与任一引物互补。

(4)探针GC含量。设计的*Taq*Man探针的GC含量约为50%。

3.引物和探针的查询和设计

首先可以查看以下网站是否有合适的已经证实的所需基因或感兴趣靶序列的引物、探针及反应条件。

(1)RTPrimerDB(http://www.rtprimerdb.org/)。这个数据库含有经验证的基因的引物和探针序列,这些序列均由研究人员提交,且大部分已经发表。该数据库可使用多种参数进行检索(例如基因名或特征、Entrez或基因标识码、SNP识别码)。此外,可以将检索词限定成某种特定用途(基因表达定量/检测、DNA拷贝数定量/检测、SNP检测、突变分析)、某个物种(例如小鼠、人、果蝇)等进行查询。

(2)PrimerBank(http://pga.mgh.harvard.edu/primerbank/index.html)。这个公共数据库有超过300 000条PCR引物,这些引物由一种算法设计得到,该算法的PCR扩增效率和特异性已经过实时荧光定量PCR实验广泛测试。数据库引物包括小鼠和人类基因,该数据库可以使用多种参数进行查询(例如GenBank登录号、NCBI基因ID或基因符号、蛋白质识别码)。

（3）Real Time Primers.com（http://www.realtimeprimers.org）。这个数据库列出的引物和探针都经过合成、测试及优化。该数据库首先根据引物/探针的类型进行检索（如SYBR Green引物、*Taq*Man探针、分子信标），然后是生物类型（人、小鼠、大鼠或其他），最后根据基因名称进行检索。

如果没有合适的或者已经证实的引物和探针可以提供参考，以下的设计方案可供参考：

①最广泛使用的商业化的软件Beacon Designer™（http://www.premierbiosoft.com），它可以用来设计SYBR Green法荧光定量PCR实验的引物和各种基于探针的化学法的引物/探针组。

②另一个出色的市售软件程序是Primer Express，它可用于设计SYBR Green染料法及*Taq*Man探针法实时荧光定量PCR的引物和探针。

③要设计SYBR Green Ⅰ 实验中的引物，使用在线的免费软件，如Primer 3 Plus（http://www.bioinformatics.nl/cgi-bin/primer3plus/primer3plus.cgi）往往能得到良好的结果。

（四）引物和探针浓度的优化

实时荧光定量PCR实验最佳引物浓度需要凭经验确定。一个标准的探针浓度即250 nmol/L（反应体系中的终浓度）被推荐用于多数实时荧光定量PCR引物优化实验，探针优化实验可以使用一个恒定的最佳引物浓度来测试几种探针浓度，通常在50~250 nmol/L范围内对探针进行优化。SYBR Green Ⅰ法引物浓度为200~400 nmol/L（反应体系中的终浓度）。引物浓度根据标准曲线实验进行测定和评估，如果测试的标准品范围是线性的，且达到较高的扩增效率，就不需要进一步的引物探针浓度优化了。

（五）引物最适退火温度的优化

PCR反应中的关键一步是引物与目标序列的退火。在合适的温度下，引物可有效地与其目标序列进行退火。在最适温度条件下，扩增效率最高，因而其C_t值也最小。与此同时，可降低非特异性退火和引物二聚体的形成。为获得引物最适退火温度，利用带有温度梯度加热模块的荧光定量PCR仪进行温度梯度PCR。操作过程中，将PCR反应液所有组分配制好后分装到PCR管中，然后置于相应温度梯度中。如图6-25的温度梯度PCR反应中，60 ℃时具有最小C_t值，该温度可作为该引物的最适温度。同时注意通过熔解曲线分析确定引物的特异性（图6-26），熔解曲线应该显示出一个单一尖锐峰（图6-26 A），若出现杂峰，表明存在非特异性产物，定量不准确，需要调整反应条件或重新合成引物（图6-26 B、C、D）。此外，每对引物至少有一个样本的扩增产物采用琼脂糖凝胶电泳来确定产物的片段大小。

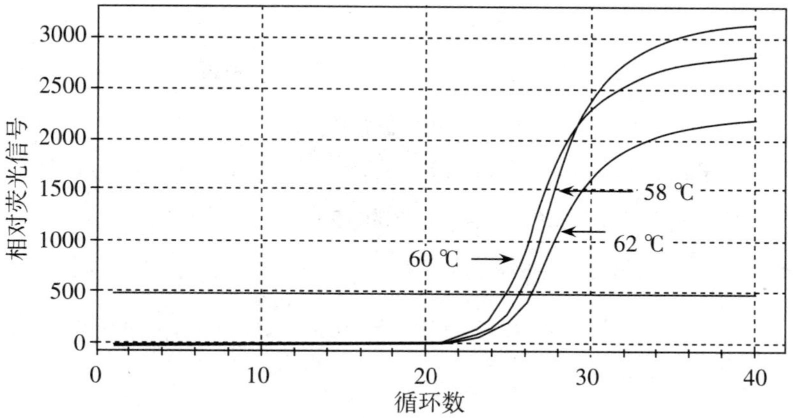

图6-25 温度梯度PCR扩增曲线

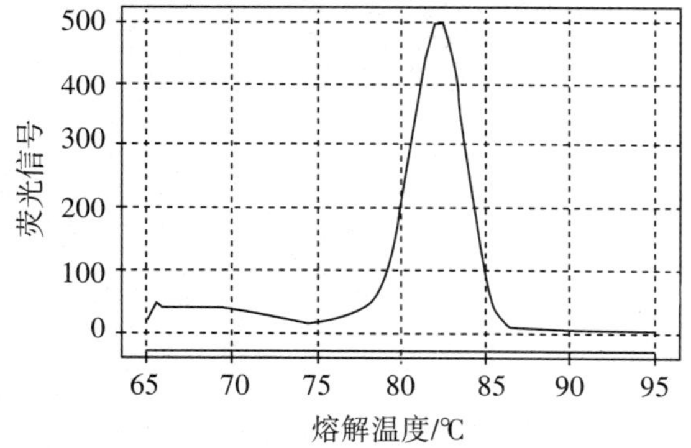

A.单一峰,特异性荧光

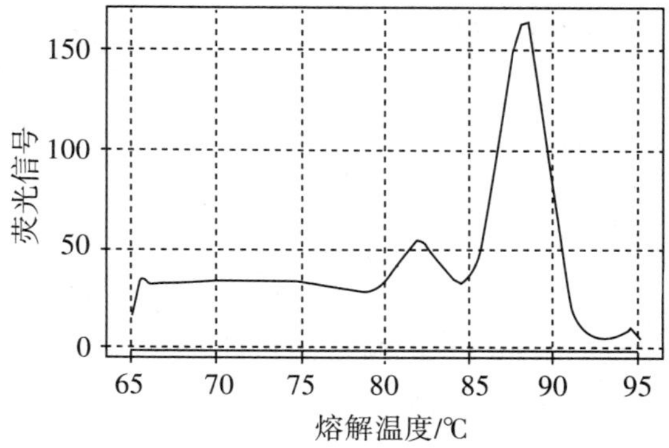

B.出现杂峰,非特异性荧光

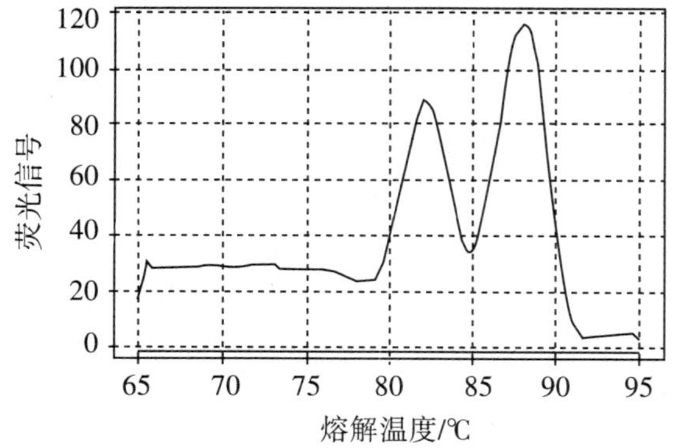

C.出现杂峰,非特异性荧光

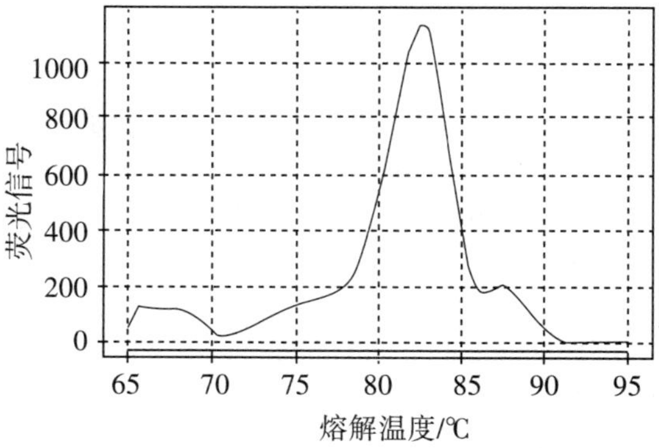

D.出现杂峰,非特异性荧光

图6-26 实时荧光定量PCR熔解曲线

参考文献

1.实时荧光定量PCR国际化标准——MIQE指南。

2.Stephen A B, Vladimir B, Jeremy A G, et al.The MIQE guidelines: minimum information for publication of quantitative real-time PCR experiments[J]. Clinical Chemistry, 2009, 55(4):611-622.

3.Livak K J, Schmittgen T D. Analysis of relative gene expression data using real-time quantitative PCR and the $2^{-\Delta\Delta C_T}$ method[J], 2001, 25(4):402-408.

4.Pfaffl M W.A new mathematical model for relative quantification in real-time RT-PCR[J]. Nucleic Acids Research, 2001, 29(9): 2002-2007.

实验23

大肠杆菌感受态细胞的制备

体外连接的DNA重组分子导入合适的受体细胞才能大量复制。野生型大肠杆菌由于能产生一种迅速降解进入大肠杆菌的外源DNA的酶，使其并不容易转化。为了提高受体菌摄取外源DNA的能力，提高转化效率以获得更多的转化子，人们摸索出不同的方法处理细菌。经过多年的努力，科学家们发现化学方法处理细胞，改变了膜对DNA的通透性，从而增加细胞吸收外源DNA的效率。使用这种方法诱导细胞，使其处于最适摄取和容纳外来DNA的生理状态，该细胞称为感受态细胞。

一、实验目的

掌握大肠杆菌感受态细胞的制备方法。

二、实验原理

感受态细胞是指受体细胞易接受外源DNA片段并实现其转化的一种生理状态。受体细胞经过一些特殊方法处理后，细胞膜的通透性发生变化，成为允许外源DNA载体分子通过的感受态细胞。目前，大肠杆菌感受态细胞的制备通常采用Inoue法和$CaCl_2$法。Inoue法是在18 ℃摇床内培养细菌，制备出来的大肠杆菌感受态细胞转化效率高，能达到1×10^8~3×10^8个转化克隆/μg质粒DNA。$CaCl_2$法感受态细胞的制备指用冰预冷的$CaCl_2$处理细菌，即用低渗$CaCl_2$溶液在低温(0 ℃)时处理快速生长的细菌，从而获得感受态细胞，其转化效率可达到5×10^6~2×10^7个转化克隆/μg超螺旋质粒DNA。感受态细胞在0 ℃的$CaCl_2$低渗溶液中，细菌细胞膨胀成球形，而转化混合物中的DNA形成抗DNase(DNA酶)的羟基-钙磷酸复合物，并黏附于细胞表面，经42 ℃短时间热激处理，可促使细胞迅速收缩，吸收DNA复合物，完成转化。感受态由受体细胞的遗传性状所决定，受菌龄、外界环境因子的影响，cAMP可提高感受态水平1万倍，而Ca^{2+}也可大大促进转化的作用。新鲜、幼嫩的细胞是制备感受态细胞的最佳材料。随着冻存期的延长，感受态细胞的转化效率会降低。

三、实验材料

1.材料

大肠杆菌DH5α菌株、培养皿、50 mL离心管、1.5 mL离心管、锥形瓶、0.45 μm滤器。

2.仪器

恒温培养箱、冷冻离心机、超净工作台、高压蒸汽灭菌锅、摇床、分光光度计。

3.试剂

琼脂粉（Agar）、胰蛋白胨（Tryptone）、酵母提取物（Yeast extract）、$MgCl_2$、NaCl、NaOH、$CaCl_2 \cdot 2H_2O$、丙三醇、二甲基亚砜（DMSO）、KOH、PIPES、$MnCl_2 \cdot 4H_2O$、KCl。

试剂配制：

（1）LB液体培养基：称取胰蛋白胨10 g、酵母提取物5 g、NaCl 10 g，加入超纯水950 mL，用5 mol/L NaOH（约0.2 mL）调节pH至7.4，定容至1 L，121 ℃高压蒸汽灭菌20 min。

（2）LB固体培养基：称取琼脂粉1.5 g溶于100 mL LB液体培养基中，121 ℃高压蒸汽灭菌20 min，冷却至50 ℃左右，浇制平板。

（3）1 mol/L $CaCl_2$溶液：称取14.7 g $CaCl_2 \cdot 2H_2O$溶解于100 mL超纯水中，0.45 μm滤膜过滤除菌，保存于-20℃。

（4）250 mmol/L KCl溶液：称取1.86 g KCl溶解于100 mL超纯水中。

（5）2 mol/L $MgCl_2$溶液：称取19 g $MgCl_2$溶解于90 mL超纯水中，定容至100 mL，高压蒸汽灭菌20 min。

（6）SOB培养基：称取胰蛋白胨20 g、酵母提取物5 g、氯化钠0.5 g于950 mL超纯水中完全溶解，加入10 mL 250 mmol/L KCl溶液，用5 mol/L NaOH溶液（约0.2 mL）调节pH至7.0。用超纯水定容至1 L，高压蒸汽灭菌20 min。该溶液在使用前加入5 mL无菌的2 mol/L $MgCl_2$溶液。

（7）50%甘油：取50 mL丙三醇和50 mL超纯水混匀，然后高压蒸汽灭菌，4 ℃保存。

（8）5 mol/L KOH溶液：称取KOH 2.8055 g加超纯水溶解，定容至10 mL。

（9）0.5 mol/L PIPES溶液（pH=6.7）：称取15.1 g PIPES溶解到80 mL超纯水中，用5 mol/L KOH调pH至6.7，然后将溶液用0.45 μm滤膜过滤除菌，分装后冷冻保存于-20 ℃。

（10）Inoue转化缓冲液（ITB）：称取$MnCl_2 \cdot 4H_2O$ 10.88 g、$CaCl_2 \cdot 2H_2O$ 2.2 g、KCl 18.65 g

溶解于800 mL超纯水中，加入20 mL 0.5 mol/L PIPES（pH=6.7），定容至1 L，然后将ITB溶液用0.45 μm孔径的滤膜过滤，分装后冷冻保存于-20 ℃。

四、实验方法

（一）$CaCl_2$法

（1）取-80 ℃冷冻菌种，用无菌接种环（或灭菌的枪头）挑取少量保存的菌液，在LB固体培养基上用划线法接种细菌于平板（做好标记），于37 ℃培养过夜。

（2）第二天，在无菌条件下，从新鲜平板上挑取一个湿润、圆滑的单个菌落（2~3 mm），接种至含有3 mL LB液体培养基的离心管中，37 ℃ 200 r/min振荡培养过夜（12~16 h）。

（3）次日取1 mL菌液接种至装有100 mL LB液体培养基（菌液与培养基体积比为1∶100或1∶50）的锥形瓶中，37 ℃ 250 r/min继续震荡培养2~3 h，当培养液开始出现混浊后，为保证细菌培养物的生长密度不致过高，每隔10~20 min测一次OD_{600}，当菌液OD_{600}值为0.4~0.5时停止培养。

（4）将菌液取出，转移到一个无菌、一次性、用冰预冷的50 mL离心管中，立刻在冰上静置10 min（避免较大的振荡）。

（5）于4 ℃ 4000 r/min离心5 min，以回收细胞。

（6）轻轻倒出培养基，将离心管倒置于干滤纸上1 min，尽可能让残留在离心管壁上的液体流尽或吸尽。

（7）加入20 mL预冷的0.1 mol/L $CaCl_2$溶液，重悬上述沉淀的菌体（轻轻旋转，不可吹吸混匀），冰浴15 min。

（8）于4 ℃ 4000 r/min离心10 min，以回收细胞。

（9）缓慢弃上清，将离心管倒置于干滤纸上1 min，以便最后残留的培养基流尽。

（10）按照每50 mL初始培养基加入2 mL冰预冷的含15%甘油的0.1 mol/L $CaCl_2$溶液，重悬菌体。

（11）将重悬的细菌分装成每管50~100 μL，4 ℃保存备用，24~48 h内使用效果较好。如果暂时不用，可在-80 ℃冰箱中保存（有效期6个月）。

（二）Inoue法制备超级感受态细胞

（1）取-80 ℃冷冻菌种，用无菌的接种环取少量菌液，在LB固体培养基上用划线法接种细菌于平板，于37 ℃培养过夜。

（2）从37 ℃已培养16~20 h平板中挑选单菌落（直径2~3 mm），转移到含有25 mL LB或SOB培养基的锥形瓶中，于37 ℃摇床250~300 r/min振荡培养6~8 h。

(3)从上述25 mL起始培养物中取4 mL大肠杆菌接种于盛有200 mL SOB培养基的500 mL锥形瓶中,于18 ℃震荡培养过夜。

(4)次日,读取培养物的OD_{600}值,每隔45 min连续监测OD_{600}值。

(5)当菌液OD_{600}值达到0.55时,立刻将培养液置于冰浴中,冰浴10 min(避免较大的振荡)。

(6)将菌液取出转移到无菌、一次性、冰预冷的50 mL离心管中,于4 ℃ 2500 r/min离心10 min。

(7)轻轻倒掉培养基,将离心管倒置于滤纸或吸水纸上2 min,尽可能让残留在离心管壁上的液体流尽,使用真空抽吸器去除所有附着在离心管壁上或截留在其颈部的剩余培养基液滴。

(8)用80 mL冰预冷的Inoue转化缓冲液非常轻柔地重悬细菌(轻轻旋转,不可吹吸和震荡重悬)。

(9)于4 ℃ 2500 r/min离心10 min,收集菌体。

(10)缓慢倒掉上层培养基,将打开的离心管倒置于滤纸或吸水纸上2 min,以使最后残留的培养基流尽,使用真空抽吸器去除所有附着在离心管壁上或截留在其颈部的剩余培养基液滴。

(11)用20 mL预冷的Inoue转化液轻轻重悬细胞。

(12)加入1.5 mL DMSO,旋动混合细菌悬液,然后冰浴10 min。

(13)迅速将悬液分装到预冷的无菌离心管中,立即将封闭的离心管浸入液氮中,急速冷冻感受态细胞,然后将离心管储存在-80 ℃。

注意事项:

①制作感受态细胞的过程中尽量在冰上操作,操作的动作尽量轻柔、稳健。

②实验中所用的试剂、离心机需要提前预冷。

③所有操作必须在无菌条件下进行。

五、实验结果分析

(1)结果记录。

①第一次测得的菌液OD_{600}值:____________________;

②第二次测得的菌液OD_{600}值:____________________;

③第三次测得的菌液OD_{600}值:____________________;

④停止培养细菌时测定的OD_{600}值:____________________;

⑤第一次离心收集到的菌液沉淀体积(μL)：____________________；

⑥第二次离心收集到的菌液沉淀体积(μL)：____________________。

(2)评价制备的感受态细胞质量，并阐述不足之处。

六、思考题

(1)感受态细胞制备过程中应注意什么？

(2)感受态细胞制备可用于哪些方面的研究？

七、实验拓展

Hanahan方法制备高转化效率的感受态细胞

20世纪70年代晚期和80年代早期，Hanahan制备的感受态细胞可以高达10^9个转化体/μg超螺旋质粒DNA。Hanahan方法适用于分子克隆中常用的大肠杆菌K-12菌株，包括DH1、DH5、MM294、JM109/9、DH5α、DH10B、TOP10和Mach1。转化缓冲液所使用试剂的纯度、细胞的生长状态、玻璃器皿和塑料制品的清洁度都将影响转化效率。使用高纯度的水和DMSO制备大肠杆菌是最重要的，并且应尽可能使用新购买的试剂和培养基。-80 ℃冷冻存储的细菌直接进行培养，可以获得最高的转化效率。不要使用已在实验室中连续传代或存放于4 ℃或室温下的细菌做转化。洗涤剂和有机污染物是转化反应的强抑制剂。最好留出一批玻璃器皿，专门用于制备感受态细胞，这些玻璃器皿应用手工洗涤和清洗，然后高压蒸汽灭菌消毒。为避免玻璃器皿残留洗涤剂所造成的问题，尽可能使用一次性塑料管和器皿制备、储存转化中所使用的溶液和培养基。

制备的步骤如下：

(1)用无菌的接种环直接将冻存的大肠杆菌菌种在SOB琼脂平板表面划线，在23 ℃培养16 h。

(2)将4~5个分开的菌落分别转移到含2 mL SOB培养基的15 mL离心管中(菌落直径不超过2~3 mm)，于23 ℃震荡培养16 h。

(3)取1 mL上述起始培养物接种到250 mL SOB培养基中，于20 ℃震荡培养16 h。

(4)不时地从培养物中取出一份样品，测定其在600 nm的光密度(OD_{600})。不要让培养物的OD_{600}大于0.26。

(5)将菌液取出转移到无菌、预冷的50 mL平底离心管中，于4 ℃ 2500 r/min离心10 min，以回收细胞。

(6)轻轻倾倒上清，然后用移液管轻轻吸出，去掉尽可能多的上清。

(7)加入20 mL冰冷的CCMB80缓冲液，并旋动离心管中的混合物，轻柔地重悬细胞。当沉淀悬浮好后，再次添加60 mL冰冷的CCMB80缓冲液并旋动。如果悬液中依然有块状的细胞，非常轻柔地上下吹打将小块分散开，然后将悬液置于冰上孵育20 min。

(8)将悬液4 ℃ 2500 r/min离心10 min，读取600 nm处的OD值(OD_{600})。

(9)轻轻倾倒上清，然后用移液管轻轻吸出，去掉尽可能多的上清。用10 mL冰冷的CCMB80缓冲液重悬沉淀。

(10)将200 μL SOB培养基加入离心管中，添加50 μL大肠杆菌悬液，轻轻混匀，避免产生气泡。

(11)计算所需要的CCMB80缓冲液缓冲液的量，以将剩余细菌悬液的OD值调整到1.0~1.5，加入所需量的冰冷的CCMB80缓冲液到悬液中。

(12)在冰上孵育稀释后的悬液20 min。

(13)按每管50 μL分装到预冷的2 mL冻存管中，浸入干冰/乙醇浴中5 min。

(14)将冻存管转移到-80 ℃冰箱。

CCMB80缓冲液的配制：乙酸钾(1 mol/L，pH=7.0)10 mL、$CaCl_2 \cdot 2H_2O$ 11.8 g、$MnCl_2 \cdot 4H_2O$ 4.0 g、$MgCl_2 \cdot 6H_2O$ 2.0 g、甘油100 mL，用超纯水定容至1 L。

参考文献

1.武会娟，伦永志.临床科研常用分子生物学技术[M].北京：北京科学技术出版社，2015.

2.J.萨姆布鲁克，D.W.拉塞尔著，黄培堂等译.分子克隆实验指南(第3版)[M].北京：科学出版社，2016.

3.胡小青，肖广原，张鹏，等.一种提高质粒转染效率的质粒提取方法的优化[J].基础医学与临床，2019，39(5)：738-744.

4.李明才，何韶衡.一种高效、快速的大肠杆菌感受态细胞制备及质粒转化方法[J].汕头大学医学院学报，2005，18(4)：228-230，241.

5.张岚岚，徐春燕，徐昌杰.大肠杆菌感受态细胞转化能力的影响因素[J].细胞生物学杂志，2004，26(4)：429-432.

实验24 重组质粒的连接、转化及筛选

质粒具有稳定可靠和操作简便的优点，重组质粒的连接是先用特定的限制性内切酶切割载体DNA和外源DNA片段并进行纯化，于体外使两者相连接(若用T-载体，可直接用纯化的PCR产物进行连接)，再用得到的重组质粒转化细菌，即可完成。重组DNA分子的转化是指在基因工程中将重组DNA分子导入特定的受体细胞(宿主细胞)，使之获得新的遗传性状的一种手段。这是分子遗传、微生物遗传、基因工程等研究领域的基本实验技术。大肠杆菌常用的转化方法包括物理和化学方法，如$CaCl_2$转化法、电穿孔转化法、PEG介导的细菌原生质体转化、λ噬菌体的转导和转染、接合转化等。转化宿主细菌后，利用蓝白斑筛选原理对重组子进行挑选，由于载体上带有氨苄青霉素抗性(Amp^r)和lacZ基因，重组质粒的筛选可采用Amp抗性筛选与α-互补原理筛选相结合的方法。

一、实验目的

(1)了解将重组DNA分子导入大肠杆菌受体细胞进行复制、增殖和表达以获得目的基因的整体过程。

(2)验证大肠杆菌感受态细胞效果。

(3)学习和掌握热激法转化大肠杆菌的方法。

二、实验原理

质粒是细胞内不同于染色体能够独立复制的DNA分子。常用质粒载体均带有多个不同限制性内切酶的识别序列组成的多克隆位点，因此几乎总能找到与外源DNA末端匹配的限制性酶切位点的载体，用两种不同的限制性内切酶酶切质粒和目的基因DNA，可以产生带有非互补突出端的黏性末端，再利用DNA连接酶把目的外源DNA片段和质粒

DNA连接在一起，从而将外源DNA片段定向克隆到载体上，成为一个新的重组质粒。

将重组质粒导入感受态细胞的过程称为转化。质粒DNA或重组DNA黏附在细菌细胞表面，经过42 ℃短时间的热激处理，促进细胞吸收DNA，然后在非选择培养基中培养一代，待质粒上所带的抗生素基因表达，就可以在含抗生素的培养基中生长。重组质粒转化受体细胞后，需在不同水平上进行筛选，以区别转化子与非转化子、重组子与非重组子以及鉴定所需的特异重组子。在转化过程中，并非每个受体细胞都被转化，即使获得转化细胞，也并非都含有目的基因，因此需采用有效的方法进行筛选。筛选的方法包括根据遗传表型筛选、限制性内切酶分析筛选、PCR筛选等。

三、实验材料

1.材料

感受态细胞(DH5α)、吸头、1.5 mL离心管、细菌过滤器、载体质粒、目的基因回收产物。

2.仪器

恒温水浴锅、制冰机、恒温摇床、超净工作台、恒温培养箱、旋涡混合器、移液器、酒精灯、玻璃涂棒、烧杯、电子天平、凝胶成像系统。

3.试剂

蛋白胨、酵母提取物、氯化钠、氨苄青霉素、LB培养基、无菌去离子水、T4 DNA连接酶、IPTG、DNA胶回收试剂盒、琼脂糖、内切酶*EcoR* Ⅰ、内切酶*Xho* Ⅰ。

(1)氨苄青霉素(Ampicillin，100 mg/mL)：溶解1 g氨苄青霉素于5 mL去离子水中，然后定容至10 mL，最后经0.22 μm的滤膜过滤除菌，分装成每管1 mL于-20 ℃贮存。

(2)LB液体培养基：称取10 g蛋白胨、5 g酵母提取物和10 g氯化钠于900 mL去离子水中溶解，用1 mol/L NaOH将pH调至7.0，倒入容量瓶定容至1 L，高压蒸汽灭菌，冷却后4 ℃冷藏备用。

(3)LB/LA固体培养基：在LB液体培养基中每100 mL加入1.5 g琼脂，高压蒸汽灭菌，未凝固之前(若加入终浓度为100 μg/mL的Amp即为LA固体培养基)在超净台中倒入已高压蒸汽灭菌的平板中，凝固后4 ℃存放。

(4)IPTG母液(200 mg/mL)：称取1.0 g IPTG溶于3 mL灭菌去离子水中，然后用去离子水定容至5 mL，用0.22 μm滤膜过滤除菌，分装成每管1 mL，-20 ℃储存。

四、实验方法

1.目的基因和空载体的双酶切

以目的基因(*MyoD*)为例,将*EcoR* Ⅰ和*Xho* Ⅰ两种限制性内切酶酶切位点分别加在目的基因上下游引物的5'端,并在酶切位点的5'端添加2~3个保护性碱基。将目的基因的PCR扩增产物切胶回收,将带有酶切位点的目的片段和pcDNA3.1(+)质粒分别进行双酶切,反应体系见表6-10。将酶切体系轻轻混匀,37 ℃水浴60 min,反应结束后,用1.0%琼脂糖凝胶电泳检测双酶切产物,并按DNA胶回收试剂盒的说明书分别纯化回收双酶切产物,回收产物置于-20 ℃保存备用。

表6-10　双酶切体系

试剂	体积或质量
目的片段或空质粒	目的片段 200 ng 或空质粒 1.0 μg
EcoR Ⅰ	1.0 μL
Xho Ⅰ	1.0 μL
通用缓冲液	2.0 μL
去离子水	添加至20.0 μL

2.目的基因与载体的连接

将目的基因双酶切后的胶回收产物与pcDNA 3.1(+)双酶切后的胶回收产物按照表6-11反应体系16 ℃连接过夜。

表6-11　连接体系

试剂	体积
T4 DNA连接缓冲液	1.0 μL
纯化后的目的基因DNA片段	载体与目的基因按1:3~1:10的比例添加
载体[pcDNA 3.1(+)]	1.0 μL
T4 DNA连接酶	1.0 μL
去离子水	添加至10.0 μL

3.连接产物的转化

(1)从-80 ℃超低温冰箱中取出2管(100 μL/管)感受态细胞置于冰上融化,轻弹管壁使细胞混匀。

(2)用冷却的无菌吸头将两管感受态细胞分别转移到无菌的1.5 mL离心管中,一管加入10 μL连接液，另一管用pcDNA 3.1(+)表达载体作为对照，轻轻混匀后在冰上放置30 min，每5 min晃动一次。

(3)42 ℃水浴热激90 s，立即移入冰中放置3 min。

(4)加入37 ℃提前预热的500 μL LB培养基，37 ℃、200 r/min振荡培养45 min。

(5)菌液4000 r/min离心5 min后弃去400 μL上清液，反复吹吸悬浮细胞。

(6)LB/LA固体培养基平板预先用40 μL IPTG涂布，随后将菌液涂布在LB/LA固体培养基上，室温放置2 min，37 ℃恒温培养箱正向放置1 h，再倒置培养过夜(12~16 h)，观察是否有菌落出现。

4.转化子总数和转化频率的计算

转化后在含抗生素的平板中长出的菌落即为转化子，根据平皿中的菌落可计算出转化子总数和转化频率，公式如下：

转化子总数=(菌落数×稀释倍数×转化反应原液总体积)/涂板菌液体积；

转化频率(转化子数/每μg质粒DNA)=转化子总数/质粒DNA加入量(μg)；

感受态细胞总数=(阳性对照菌落数×稀释倍数×菌液总体积)/涂板菌液体积；

感受态细胞转化效率=转化子总数/感受态细胞总数

5.阳性克隆的筛选及测序

在超净工作台中，挑取4~6个单菌落各接入装有5 mL LB液体培养基的离心管中，放于37 ℃ 200 r/min恒温振荡培养箱。培养12~16 h后，提取质粒DNA，然后进行双酶切和PCR双重鉴定，最后送生物公司测序。

五、实验结果分析

(1)原始数据统计。

①双酶切相关信息统计。

目的基因DNA双酶切后的片段大小(bp)__________________；

目的基因DNA双酶切后胶回收的片段浓度(μg/μL)__________________；

空载体质粒的片段大小(bp)__________________；

空载体质粒双酶切后的片段大小(bp)__________________；

空载体质粒酶切后胶回收的片段浓度(μg/μL)__________________；

质粒与目的基因连接后的片段大小(bp)__________________；

重组质粒双酶切后的片段大小分别为(bp)__________________。

②转化频率的相关信息统计。

菌落数(个)__________________;

稀释倍数(倍)____________________;

转化反应原液总体积(μL)__________________;

涂板菌液体积(μL)__________________;

质粒DNA加入量(μg)__________________。

③感受态细胞转化效率的相关信息统计。

阳性对照菌落数(个)__________________;

稀释倍数(倍)____________________;

菌液总体积(μL)__________________;

涂板菌液体积(μL)__________________。

(2)数据计算。

转化频率(转化子数/每μg质粒DNA)=____________________;

感受态细胞转化效率=__________________。

(3)详细描述实验结果,分析实验过程中应该注意的细节。

六、思考题

(1)载体应该具备什么特点?

(2)将连接后的质粒DNA分子向大肠杆菌导入时,转化效率低的原因有哪些?

七、实验拓展

酶切位点保护碱基和双酶切通用缓冲液的选择

在分子克隆实验中,待扩增的目的基因若需要进行后续的酶切和连接反应,通常需要在两端加上特定的酶切位点和保护碱基。因为直接暴露在末端的酶切位点不容易直接被限制性核酸内切酶切开,因此在设计PCR引物时,需在酶切位点序列的5’端外侧添加额外的碱基序列,即保护碱基,用来提高将来酶切时的活性。添加保护碱基,需要考虑两个因素:一是碱基数目;二是碱基种类。添加保护碱基时,最关心的应该是保护碱基的数目,而不是种类。添加保护碱基时最好选用切割效率高的相应碱基。什么样的酶切位点,添加几个保护碱基,可参考https://wenku.baidu.com/view/b4425947336c1eb91a375d32.html或https://www.docin.com/p-740779966.html。

在使用两种酶同时进行DNA酶切反应时,为了节省反应时间,通常希望在同一反应体系内进行双酶切。要保证双酶切实验的高效、准确，需要选择合适的通用缓冲液，这样才能避免质粒和基因没有被切开或者切散。双酶切反应时内切酶用缓冲液的选择可以参考生物公司提供的通用缓冲液使用表或选择适于两种内切酶酶切的缓冲液。尽管如此，在进行双酶切时，有时还会是难以找到合适的通用缓冲液。

参考文献

1. 屈伸，刘志国 . 分子生物学实验技术[M]. 北京：化学工业出版社，2008.

2. 武会娟，伦永志 . 临床科研常用分子生物学技术[M]. 北京：北京科学技术出版社，2015.

3. 石琰璟，杨隽娴，葛晓萍 . 一种改良的大肠杆菌质粒平板转化方法[J]. 青岛科技大学学报（自然科学版），2006，27（3）：193-195.

4.J. 萨姆布鲁克，D.W. 拉塞尔著，黄培堂等译 . 分子克隆实验指南（第3版）[M]. 北京：科学出版社，2016.

5. 杜红旗，李晨阳，田璐 . 一种改进大肠杆菌 DH5α 转化效率的方法[J]. 安徽农业科学，2009，37（22）：10420，10423.

6. 王世伟，李旭业，张伟伟 . 优化感受态细胞制备方法提高转化效率的研究[J]. 齐齐哈尔大学学报，2009，25（2）：86-90.

7. 梁建庆，叶志华，江秀梅，等 . 转化条件对质粒 DNA 转化大肠杆菌的影响[J]. 微生物学杂志，2004，24（4）：15-17.

实验25

质粒DNA的提取、纯化及鉴定

细菌质粒是存在于细胞质中的一类独立于染色体的自主复制的遗传成分。大多数来自细菌细胞的质粒是双链、共价闭合的环状分子，以超螺旋形式存在，其大小为1 kb~200 kb以上不等。质粒的结构比病毒还要简单，既没有蛋白质外壳，也没有细胞外的生命周期。质粒DNA分子可以持续稳定地处于染色体外的游离状态，但在一定条件下又会可逆地整合到宿主染色体上，随着染色体的复制而复制，并通过细胞分裂传递给后代。自20世纪70年代以来，世界各地的实验室都已在天然质粒的基础上，成功地构建出了大量具有各种不同功能特征特性的专用质粒载体。目前，这些由人工构建的实验室载体，已经成为重组DNA研究工作中最常用和最有效的基因克隆载体。

一、实验目的

（1）了解质粒DNA提取的原理。

（2）学习和掌握质粒DNA提取的方法。

二、实验原理

提取质粒DNA的方法有很多种，根据提取产量可分为小量提取、中量提取、大量提取；根据使用仪器可分为一般提取和试剂盒方法提取；根据具体操作方法可分为碱裂解法、煮沸法等。各种不同的方法各有其优缺点，需根据不同的实验目的采用合适的提取方法。

（一）碱裂解法

人们使用碱与SDS裂解法从*E. coli*（大肠杆菌）中分离制备质粒DNA已有40年的历史。将细菌悬浮液暴露于高pH的强阴离子洗涤剂中，会使细胞壁破裂，染色体DNA和蛋白质变性，将质粒DNA释放到上清液中。尽管碱性溶剂使碱基配对完全破坏，闭环的质粒DNA双链仍不会彼此分离，因为它们在拓扑学上是相互缠绕的。只要OH^-处理的强度和时间不要太过，当pH恢复到中性时，DNA双链就会再次形成。在裂解过程中，细菌蛋白质、破裂的细胞壁和变性的染色体DNA会相互缠绕成大型复合物，后者被SDS包盖。当用K^+取代Na^+时，复合物会从溶液中有效地沉淀下来，离心除去变性剂后，就可以从上清液中回收复性的质粒DNA。

在SDS存在的条件下，碱水解是一项非常灵活的技术，它对*E.coli*的所有菌株都适用，并且细菌培养物的体积可以为1~500 mL。碱裂解法需要碱裂解液Ⅰ、碱裂解液Ⅱ、碱裂解液Ⅲ。碱裂解液Ⅰ中的葡萄糖可以使悬浮后的大肠杆菌不会快速沉积到离心管的底部，EDTA是Ca^{2+}和Mg^{2+}等二价金属离子的螯合剂，其主要作用是螯合二价金属离子从而抑制DNase的活性。

碱裂解液Ⅱ中NaOH的作用主要是溶解细胞，释放DNA，因为在强碱性的情况下，细胞膜可发生从双层膜结构向微囊结构的变化。SDS与NaOH联用，其目的是为了增强NaOH的强碱性，同时SDS作为阴离子表面活性剂可破坏脂质双层膜。

碱裂解液Ⅲ的作用是沉淀蛋白和中和反应，其中乙酸钾是为了使钾离子置换SDS中的钠离子而形成十二烷基硫酸钾(potassium dodecyl sulfate, PDS)。因为SDS遇到钾离子后变成PDS，而PDS是不溶水的，同时一个SDS分子平均结合两个氨基酸，钾钠离子置换所产生的大量沉淀自然就将绝大部分蛋白质沉淀。基因组DNA一旦发生断裂，只要是50~100 kb大小的片段，就没有办法再被PDS沉淀。乙酸是为了中和NaOH，70%的乙醇则是为了清洗盐分和抑制DNase活性。

(二)煮沸裂解法

煮沸法是将细菌悬浮于含有Triton X-100和能消化细胞壁的溶菌酶的缓冲液中，然后加热到100 ℃使其裂解。加热除了可破坏细菌外壁，还有助于解开DNA链的碱基配对，并使蛋白质和染色体DNA变性。但是，由于闭环质粒DNA的磷酸二酯骨架具有互相缠绕的拓扑结构，因此闭环质粒DNA链彼此不会分离。当温度下降后，闭环DNA的碱基又各就各位，形成超螺旋分子，离心除去变性的染色体DNA和蛋白质，就可从上清液中回收质粒DNA。煮沸裂解法对于小于15 kb的小质粒很有效，可用于提取小至1 mL(小量制备)、多至250 mL(大量制备)菌液的质粒，并且对大多数的大肠杆菌菌株都适用。但对于那些经变性剂、溶菌酶及加热处理后能释放大量碳水化合物的大肠杆菌菌株，则不推荐使用该法。这是因为碳水化合物很难除去，会抑制限制酶和聚合酶活性。若碳水化合物的量很大，在CsCl-溴化乙锭梯度离心中会使超螺旋质粒DNA带变得模糊不清。大肠杆菌菌株HB101及其衍生菌株（其中包括TG1）能产生大量的碳水化合物，不适于用煮沸法裂解。

（三）质粒小提试剂盒

质粒小提取试剂盒用于大肠杆菌中质粒DNA的小量提取，它结合了优化的碱裂解法以及方便快捷的硅膜离心技术，具有高效、快捷的特点，能在30 min内完成全部操作。利用试剂盒能从1~5 mL过夜培养的大肠杆菌菌液中纯化得到10~40 μg高质量的质粒DNA（OD_{260}/OD_{280}=1.7~1.9），此质粒DNA可直接用于DNA序列分析、各种酶促反应、PCR以及部分细胞系的转染等。

三、实验材料

1.材料

重组质粒、吸头（1000 μL、200 μL、10 μL）、1.5 mL离心管。

2.仪器

超净工作台、培养箱、摇床、恒温水浴锅、冷冻离心机、移液器、低温冰箱、电泳仪、水平电泳槽、凝胶成像系统、pH计。

3.试剂

用于筛选质粒的抗生素、乙醇、饱和酚、氯仿、TE、葡萄糖、EDTA、LB培养液、TritonX-100、氢氧化钠、冰乙酸、乙酸钾、SDS。

（1）碱裂解液Ⅰ：50 mmol/L葡萄糖、10 mmol/L EDTA（pH=8.0）、25 mmol/L Tris-HCl（pH=8.0）。

（2）碱裂解液Ⅱ：0.2 mmol/L NaOH、1%（*m*/*V*）SDS。该溶液需要现配现用，室温下使用。

（3）碱裂解液Ⅲ：5 mol/L乙酸钾60 mL、冰乙酸11.5 mL、H_2O 28.5 mL。配成的溶液中的钾离子浓度为3 mol/L，乙酸根的浓度为5 mol/L，保存于4 ℃，用时置于冰浴中。

（4）STET：10 mmol/L Tris-HCl（pH=8.0）、0.1 mol/L NaCl、1 mmol/L EDTA（pH=8.0）、5%（*V*/*V*）TritonX-100。所有的成分加完后，确保STET的pH为8.0，使用前STET不需要灭菌。

四、实验方法

（一）质粒DNA的提取与纯化

1.SDS碱裂解法

此方法适用于小量质粒DNA的提取，提取的质粒DNA可直接用于酶切、PCR扩增、银染序列分析。

（1）挑转化后的单菌落（如pMD-18T质粒），接种到2 mL含有适当抗生素（Ampicillin）的LB培养液中，37 ℃振荡培养过夜。

注意：为了确保细菌培养物通气良好，试管的体积应该至少比细菌培养物的体积大4倍，试管不宜盖紧。

（2）取1.5 mL细菌培养物于1.5 mL EP管中，于4 ℃ 12 000 r/min离心1 min，弃上清液，尽可能吸干培养液。

（3）将细菌沉淀重悬于100 μL冰预冷的碱裂解液Ⅰ中，剧烈震荡，充分混合。

（4）取200 μL新配的碱裂解液Ⅱ于每管细菌悬液中，盖紧管盖，上下颠倒离心管，以混匀内容物，切勿震荡，将离心管置于冰上5 min。

（5）加入150 μL预冷的碱裂解液Ⅲ，盖紧管盖，反复颠倒数次，使裂解液Ⅲ在黏稠的细菌液中分散均匀，然后置于冰上3~5 min。

（6）以4 ℃ 12 000 r/min离心5 min，将上清液转移到另一新的离心管中。

（7）加入等体积的酚：氯仿（1：1），充分混匀有机相和水相，4 ℃ 12 000 r/min离心2 min，将上清液转移到另一离心管中。

（8）用2倍体积的乙醇于室温沉淀核酸，振荡混匀，于室温静置2 min。

（9）以4 ℃ 12 000 r/min离心5 min，收集沉淀的核酸。

（10）用吸头小心吸去上清液，将离心管倒置于纸巾上，以使所有液体流出排干，或用一次性吸头除去管壁上的液滴。

（11）加1 mL 70%乙醇于沉淀中，颠倒数次洗涤DNA，然后于4 ℃ 12 000 r/min离心5 min，用吸头吸除所有的上清液。

（12）将离心管打开，置于室温使酒精挥发，直至管内无可见的液体。

（13）在沉淀中加入50 μL无DNA酶的含RNase A（20 μg/mL）的TE，反复吹打使质粒DNA充分溶解，置于-20 ℃保存。

2.煮沸法

（1）挑取转化后的单菌落，接种到2 mL含有适当抗生素的LB培养液中，于37 ℃振荡培养过夜。

注意：为了确保细菌培养物通气良好，试管的体积应该至少比细菌培养物的体积大4倍，试管不宜盖紧，培养物应震荡培养。

（2）取1.5 mL菌体于1.5 mL离心管中，于4 ℃ 12 000 r/min离心1 min。将未离心的培

养液在4 ℃保存。

（3）离心结束，弃上清液，注意尽量吸干培养液。

（4）用350 μL STET重悬细菌沉淀。

注意：确保细菌迅速完全地重悬于STET。将两个离心管的底部接触同时震荡，重悬效果更好。

（5）加入25 μL新配的溶菌酶溶液，盖上管盖，轻微涡旋混合3 s。

（6）将离心管置于沸水浴中放置40 s。

注意：延长超螺旋DNA暴露于热的时间会使其不可逆变性，所产生的环状卷曲DNA不能被限制性内切酶切割，而且它在琼脂糖凝胶电泳中的迁移率为正常超螺旋DNA的两倍，难以被核酸染料染色。用裂解法从细菌中提质粒时可能会看到微量的这种DNA，但如果将裂解液在100 ℃精确地放置所推荐的时间，可使环状卷曲DNA的量减至最少。

（7）室温12 000 r/min离心细菌裂解液15 min，将上清吸入另一干净的离心管中。

（8）在上清中加入40 μL 2.5 mol/L乙酸钠（pH=5.2）和420 μL异丙醇以沉淀核酸，振荡混匀溶液，并在室温下放置5 min。

（9）4 ℃ 12 000 r/min离心10 min，回收核酸沉淀。

（10）用吸头小心吸去上清液，将离心管倒置于纸巾上，以使所有液体流出排干，或用一次性吸头除去管壁上的液滴。

（11）于4 ℃用1mL 70%乙醇洗涤DNA沉淀，然后于4 ℃ 12 000 r/min离心5 min，用吸头吸除所有上清液。

注意：这一步要特别小心，因为有时沉淀并不紧贴管壁，要避免除去核酸沉淀。

（12）将离心管打开，室温放置使酒精全部挥发，直至管壁上看不到液滴为止。

（13）在沉淀中加入50 μL含RNase A的TE（pH=8.0），反复吹打使质粒DNA充分溶解，置于-20 ℃保存。

3.使用质粒提取试剂盒提取质粒DNA

使用质粒提取试剂盒提取质粒时请参考具体试剂盒的操作说明，如Omega公司的E.Z.N.A.® Plasmid Mini Kit I（Q-Spin）质粒提取试剂盒。

（二）质粒DNA的鉴定

根据实验19琼脂糖凝胶电泳检测DNA的方法鉴定纯化的质粒DNA。

（1）洗净并晾干胶槽和梳子，将梳子垂直插入胶槽的匹配的凹槽内。

（2）取50 mL 1×TBE于锥形瓶中，加入0.5 g琼脂糖，放入微波炉内使其溶化，冷却到60 ℃时加入2.5 μL GoldView核酸染料，混匀后倒入准备好的制胶槽中。

(3)待琼脂糖凝胶完全凝固后,拔出样品梳,取5 μL提取的质粒DNA和1μL 6×DNA上样缓冲液混匀,然后加入凝胶的样品孔中。

(4)点样完毕后,120 V条件下电泳30 min。

(5)电泳结束后,切断电源,取出凝胶,用凝胶成像系统拍照,并保存图片。

五、实验结果分析

(1)结果记录。

①质粒DNA电泳的片段大小为:______________;

②是否有蛋白质污染:______________;

③描述质粒DNA电泳条带:______________;

④画出质粒DNA凝胶电泳图谱。

(2)分析实验结果,总结实验成功或失败的原因。

六、思考题

(1)试述在提取质粒过程中碱裂解液I、II、III的作用是什么?

(2)如何获得高纯度的质粒DNA?

七、实验拓展

内毒素是革兰氏阴性菌(如大肠杆菌)细胞壁成分。细菌外膜的外层脂质部分由内毒素分子构成,细菌内毒素的主要化学成分为脂多糖(LPS),单个大肠杆菌细胞约包含两百万个LPS分子,每个LPS分子由疏水的脂质A(lipid A)、复杂的糖类残基阵列及负电性的磷酸基团所组成。细菌在其活性生长期向其周围微环境中散布少量的内毒素,在死亡时则释放大量内毒素。由于其化学结构和特性,在质粒制备的细菌细胞裂解过程中,内毒素分子从外膜释放到溶菌液中,很容易混入质粒DNA一同提取出来。内毒素的存在会严重地影响质粒转染细胞的效率,还会激活造血细胞(如B细胞、巨噬细胞等)的非特异性免疫反应,造成实验的假阳性,所以转染级质粒DNA的提取纯化必须去除内毒素。查阅文献,了解质粒DNA中内毒素的去除方法。

参考文献

1.M R 格林，J 萨姆布鲁克，贺福初等译.分子克隆实验指南(第4版)[M].北京:科学出版社，2017.

2.吴乃虎.基因工程原理(第2版)[M].北京:科学出版社，2001.

3.赵玉红，李欣，崔建林，等.质粒DNA提取及电泳检测实验改革[J].实验技术与管理，2017，34(3):35-38

4.孟宇，李静，孙智峰，等.经典碱裂解法质粒大量提取方法的改良[J].黑龙江八一农垦大学学报，2012，24(2):33-35.

实验26 动物组织或细胞中蛋白质的提取及浓度测定

蛋白质是生命的物质基础,没有蛋白质就没有生命。蛋白质是由氨基酸以“脱水缩合”的方式组成的多肽链经过盘曲折叠形成的具有一定空间结构的生物大分子,是细胞中含量最多的有机成分,具有广泛的生物学功能。蛋白质一直是生命科学、农业科学和医学研究的重点领域,它的提取定量分析是动物遗传学、分子生物学及相关研究中最常用和最基础性的工作,从动物特定组织或细胞中提取目的蛋白是探究蛋白功能的前提。

一、实验目的

(1)掌握从动物组织和细胞样品中提取蛋白质的基本方法。

(2)掌握蛋白质含量测定的常用方法并了解其特点。

二、实验原理

不同的蛋白质理化性质差异较大,但大部分蛋白均可溶于水、稀盐、稀酸或稀碱溶液中,少数与脂类结合的蛋白质溶于乙醇、丙酮及丁醇等有机溶剂中。因此可采用不同溶剂提取、分离及纯化蛋白质。一般的蛋白质提取过程包括组织破碎、细胞裂解、杂质去除、蛋白质浓缩纯化及蛋白质保存等。分离提纯蛋白质时,除了某些细胞外的多肽激素和蛋白质外,细胞内蛋白质提取的第一步是破碎组织细胞,将蛋白质从组织细胞中释放出来,并尽可能保持其天然状态,不丧失生物学活性。动物组织蛋白质提取方法主要包括物理方法和化学方法(水溶液提取法、有机溶酶法和有机溶剂提取法)。

RIPA裂解液是一种传统的组织细胞快速裂解液,也是目前应用最为广泛的一种裂解液,它适用于从动物组织和细胞中提取可溶性蛋白,主要成分为Tris-HCl、NaCl、Triton X-100、脱氧胆酸钠、NP-40、SDS、蛋白酶抑制剂。RIPA裂解液对哺乳动物细胞膜、胞浆、胞核成分均有较强裂解作用，得到的可溶性蛋白可用于蛋白纯化、免疫共沉淀、免疫印迹等后续蛋白分析。

生物样品总蛋白含量的测定方法很多，各种方法的原理、准确性、操作的难易程度都有差别。常见的蛋白含量测定方法包括：凯氏定氮法、紫外吸收法、Folin–酚法（又称Lowry法）、二喹啉甲酸法（Bicinchoninic acid，BCA法）、染料结合分析法（又称Bradford法）。目前蛋白质的分析方法不断向微量化、自动化、高通量等方向发展，并且准确度越来越高。如：采用荧光分光光度法、化学发光等方法能提高检测的灵敏度；用酶标板或微量板（96孔或384孔）代替试管，实现了较高的检测通量；质谱技术在蛋白质定量方面的应用越来越广，将蛋白质进行酸水解，再结合质谱技术，可测定含量小于10 fmol的蛋白质。本实验采用BCA法测定蛋白含量。

1.BCA法蛋白定量实验原理

BCA是一种稳定的水溶性复合物。在碱性条件下，二价铜离子能够被蛋白质还原成一价铜离子，而一价铜离子可以和BCA相互作用，两分子BCA螯合一个铜离子，形成紫色的络合物。该复合物为水溶性，在562 nm处显示强吸光性，在一定浓度范围内，吸光度与蛋白质含量呈良好的线性关系，可以制作标准曲线，因此可以根据待测蛋白在562 nm处的吸光度计算待测蛋白浓度。

2.BCA法蛋白浓度定量的优点和缺点

（1）优点：测定快速简便，45 min内完成；准确灵敏，检测浓度为5~200 mg/mL；干扰物质少，BCA法不受大部分样品中的去垢剂等化学物质影响，在一定浓度范围内有良好的线性关系；检测不同蛋白质分子的变异系数小于考马斯亮蓝法蛋白定量。

（2）缺点：与荧光蛋白质定量等方法相比，属于化学呈色法的BCA法检测灵敏度尚不够。

三、实验材料

1.材料

动物组织或培养的细胞、1.5 mL离心管、酶标板、吸头（1000 μL、10 μL）、细胞刮。

2.仪器

高速组织匀浆器（或研钵）、多功能酶标仪、恒温水浴锅、冷冻离心机、移液器。

3.试剂

RIPA裂解液、苯甲基磺酰氟（PMSF）、BCA定量试剂盒、PBS。

(1)BCA定量试剂盒:含A液和B液。

A液:BCA碱性溶液(配方:1% BCA二钠盐,0.4%氢氧化钠,0.16%酒石酸钠,2%无水碳酸钠,0.95%碳酸氢钠,用固体碳酸氢钠调节pH至11.25)。

B液:4% $CuSO_4 \cdot 5H_2O$。

(2)牛血清白蛋白(BSA):20~2 000 μg/mL BSA标准溶液。

四、实验方法

(一)RIPA裂解液提取蛋白质

根据RIPA裂解液的使用量,取每1 mL RIPA加入10 μL PMSF(按照100:1体积比添加PMSF),使PMSF的最终浓度为1 mmol/L,混匀备用(PMSF一定要现用现加,因为PMSF在水溶液中不稳定,30 min就会降解一半)。

1.样品前处理

(1)贴壁生长的细胞。

①去除培养液,用预冷的PBS洗细胞2~3次,并吸出全部PBS。

②根据细胞量的多少,确定裂解液RIPA的添加量。6孔板每孔加入150~250 μL裂解液(1.5×10^6个细胞大约加入100 μL RIPA裂解液,也可以按照细胞培养液量的1/20加入裂解液,如果裂解不充分可以适当增加裂解液,如果需要高浓度的蛋白样品,可以适当减少裂解液的用量)。

③用移液器吹打数次,使裂解液和细胞充分接触,在冰上静置裂解15~30 min(中间每5 min吹打1次)。

④用细胞刮在含有RIPA裂解液的6孔板或培养皿中把细胞尽快刮下来,然后全部吸入1.5 mL离心管中。

(2)悬浮生长的细胞。

离心收集细胞,用手指把细胞用力弹散。6孔板每孔加入150~250 μL裂解液的比例加入裂解液,再用手指轻弹以充分裂解细胞。细胞充分裂解后应没有明显的细胞沉淀。如果细胞量较多,需要分装成5×10^5~1×10^6个细胞/管,然后再裂解。

(3)组织样品。

迅速取出组织样品放入用液氮预冷的研钵中,快速研磨组织,期间不断加入液氮,直至组织样品研磨成粉末(也可用匀浆器对组织样品进行匀浆)。按照每20 mg组织加入150~250 μL裂解液的比例加入裂解液,在冰上或4 ℃裂解(如果裂解不充分可以适当添加更多的裂解液,如果需要高浓度的蛋白样品,可以适当减少裂解液的用量)。通常裂解液接触细胞1~2 s后，细胞就会被裂解。

2.后处理

将充分裂解的细胞或组织于4 ℃ 12 000 r/min离心5 min，吸取上清即可。提取的蛋白质即可进行后续的蛋白浓度测定、Western blotting、免疫沉淀等操作或保存于-80 ℃备用。

（二）蛋白浓度检测

1.配制工作液

根据标准品和样品数量，按50∶1体积比混合BCA试剂中的Solution A与Solution B配制适量BCA工作液，充分混匀。BCA工作液在室温24 h内稳定。

2.稀释BSA标准品

取BSA标准品溶液（5 mg/mL）10 μL稀释至100 μL，使最终浓度为0.5 mg/mL。蛋白样品在什么溶液中，标准品也宜用什么溶液稀释。但为了简便起见，也可以用0.9% NaCl或PBS稀释标准品。

3.稀释待测样品

一般情况下，第一次测定蛋白样品浓度时，需要将待测样品进行梯度稀释，以摸索最佳稀释倍数（应使其浓度在蛋白质标准曲线范围内），可以按照10倍（10 μL蛋白样品+90 μL PBS缓冲液）、50倍（2 μL蛋白样品+98 μL PBS缓冲液）体积进行稀释。

4.铺板

分别取稀释后的BSA标准品（0.5 mg/mL）0、1 μL、2 μL、4 μL、8 μL、12 μL、16 μL、20 μL加入96孔板中，然后用标准品稀释液将所有标准品补足到20 μL（见表6-12）；取稀释后的待测蛋白样品20 μL加入96孔板的样品孔中。

表6-12　BSA标准曲线的制作

试剂	孔号							
	1	2	3	4	5	6	7	8
稀释后的BSA标准品（0.5 mg/mL BSA）/μL	0	1	2	4	8	12	16	20
标准品稀释液/μL	20	19	18	16	12	8	4	0
BCA工作液/μL	200	200	200	200	200	200	200	200
蛋白质含量/μg	0	0.5	1	2	4	6	8	10
蛋白质量浓度/$mg \cdot mL^{-1}$	0	0.025	0.05	0.1	0.2	0.3	0.4	0.5

5.添加BCA工作液

在待测样品和标准品的各孔中分别加入200 μL BCA工作液，轻轻混匀（注意不要出现气泡，以免影响读数），37 ℃孵育30 min。

注意：

①可以根据需要在室温放置2 h。

②利用BCA法测定蛋白浓度时，吸光度会随着时间的延长不断加深，并且显色反应会因温度升高而加快。

③如果浓度较低，适合在较高温度孵育或延长孵育时间。

6.测定吸光度并计算蛋白浓度

冷却到室温后，用酶标仪测定562 nm处的吸光度，根据标准曲线计算出蛋白浓度，再乘以稀释倍数，得到待测样品蛋白浓度（图6-27）。

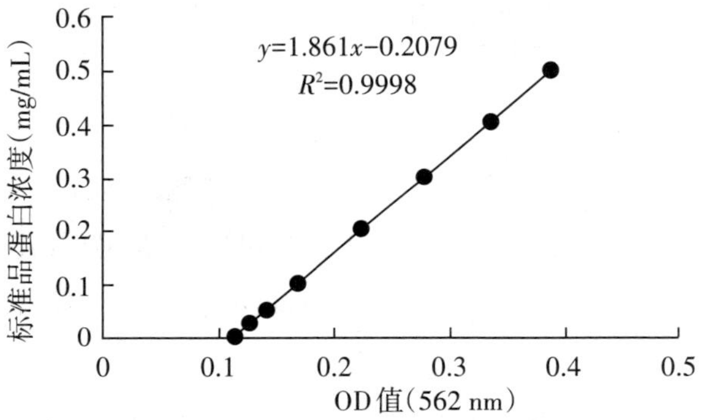

图6-27　BSA标准品的标准曲线

（三）蛋白质变性及保存

将所有样品稀释至相同浓度，在室温或不超过37 ℃的水浴中溶解5×蛋白上样缓冲液，按照每4 μL蛋白样品加入1 μL 5×蛋白上样缓冲液的比例混合，100 ℃或沸水浴加热10 min以使蛋白充分变性，置于-80 ℃冰箱备用。

五、实验结果分析

（1）原始数据统计。

蛋白质量浓度（$mg \cdot mL^{-1}$，下同）为0的标准品吸光度值为：________________；

蛋白质量浓度为0.025的标准品吸光度值为：________________；

蛋白质量浓度为0.05的标准品吸光度值为：________________；

蛋白质量浓度为0.1的标准品吸光度值为：________________；

蛋白质量浓度为0.2的标准品吸光度值为：________________；

蛋白质量浓度为0.3的标准品吸光度值为:________________;

蛋白质量浓度为0.4的标准品吸光度值为:________________;

蛋白质量浓度为0.5的标准品吸光度值为:________________;

待测蛋白质样品吸光度值为:________________。

(2)数据计算。

根据标准曲线查出蛋白质浓度,再乘以稀释倍数,得到待测蛋白质样品的质量浓度。

六、思考题

(1)蛋白质含量测定的常用方法有哪些?分别有哪些优点和缺点?

(2)在选择蛋白质含量测定方法时应该考虑哪些问题?

七、实验拓展

Trizol法提取总蛋白

准备试剂:异丙醇、含0.3 mol/L盐酸胍的95%乙醇(2.866 g盐酸胍加100 mL 95%乙醇)、无水乙醇、1% SDS(1 g SDS溶解于100 mL去离子水)。操作步骤如下:

(1)提取细胞总RNA吸去上清液后,按0.3 mL乙醇/1 mL Trizol的比例把乙醇加入中间层和下层有机相中,混匀,室温静置3 min。

(2)4 ℃ 2000 r/min离心5 min,吸取上清液转移至新的EP管中。

(3)加入1.5 mL异丙醇沉淀蛋白质,每使用1 mL Trizol加1.5 mL异丙醇,室温放置10 min。

(4)4 ℃ 12 000 r/min离心10 min,弃上清液。

(5)用含0.3 mol/L盐酸胍的95%乙醇洗涤蛋白质沉淀,每使用1 mL Trizol加2 mL洗涤液。室温放置20 min,4 ℃ 7 500 r/min离心5 min,弃上清液,重复两次。

(6)用2 mL无水乙醇洗涤沉淀,室温放置20 min。

(7)4 ℃ 7 500 r/min离心5 min,弃上清液。

(8)真空干燥蛋白质沉淀5~10 min,加入适量1% SDS溶解蛋白质,反复吹打,50 ℃水浴使其完全溶解,不溶物4 ℃ 10 000 r/min离心10 min。上清液即为总蛋白溶液,分装后于-80 ℃保存备用。

参考文献

1. 郑玉才，伍红．蛋白质分析技术[M]. 北京：中国农业出版社，2013.

2. 李玉花．蛋白质分析实验技术指南[M]. 北京：高等教育出版社，2011.

3.Joseph Sambrook，David W Russell. 分子克隆实验指南[M]. 北京：科学出版社，2002.

4. 屈伸，刘志国．分子生物学实验技术[M]. 北京：化学工业出版社，2008.

5. 武会娟，伦永志．临床科研常用分子生物学技术[M]. 北京：北京科学技术出版社，2015.

实验27 SDS-聚丙烯酰胺凝胶电泳

SDS-聚丙烯酰胺凝胶电泳（SDS-PAGE）是以聚丙烯酰胺凝胶作为支持介质，采用非连续电泳系统，并引入变性剂SDS以及还原剂使蛋白样品最终只依赖于分子量大小而被分离的一种电泳方法。SDS-PAGE方法不仅操作简单省时，不需要昂贵仪器，而且分辨率高、重复性好，对蛋白纯度要求较低，已被广泛应用于蛋白质的分析。

一、实验目的

（1）了解SDS-聚丙烯酰胺凝胶电泳分离蛋白质的基本原理。

（2）掌握SDS-聚丙烯酰胺凝胶电泳的方法。

二、实验原理

聚丙烯酰胺凝胶是由丙烯酰胺单体（acrylamide，Acr）和交联剂甲叉双丙烯酰胺（N，N'-methylene bisacrylsmide，Bis）在催化剂（过硫酸铵，AP）和加速剂（N，N，N'，N'-四甲基乙二胺，TEMED）的作用下聚合交联成三维网状结构的凝胶。TEMED通过催化APS形成自由基而加速丙烯酰胺与甲叉双丙烯酰胺的聚合，聚丙烯酰胺的分子筛效应主要取决于Acr和Bis的总浓度和相对含量。一般情况下，将Acr和Bis的质量比定为29∶1，然后根据待测蛋白质的分子量大小来选择不同浓度的聚丙烯酰胺凝胶。不同浓度聚丙烯酰胺凝胶的有效分离范围见表6-13。

表6-13　不同浓度SDS-PAGE分离胶的最佳分离范围

分离胶浓度	分离范围
6%	50~150 kD
8%	30~90 kD

（续表）

分离胶浓度	分离范围
10%	20~80 kD
12%	12~60 kD
15%	10~40 kD

SDS-聚丙烯酰胺凝胶电泳使待测样品中的蛋白质按分子量大小在凝胶中分离成带。蛋白质中含有较多氨基和羧基，在不同pH下表现出不同电荷，为了使蛋白质在电泳中的迁移率只与分子量有关（消除电荷影响），在样品中加入了含有SDS和β-巯基乙醇（或二巯基赤藓醇，DTT）的蛋白上样缓冲液。SDS是一种阴离子表面活性剂，作为变性剂和助溶剂，它可以断开分子内和分子间的氢键，使蛋白质分子去折叠，从而破坏蛋白质分子的二级和三级结构。β-巯基乙醇或DTT是强还原剂，可以打开蛋白质分子中半胱氨酸残基之间的二硫键，破坏蛋白质的四级结构。在样品中加入SDS和β-巯基乙醇或DTT，沸水孵育5~10 min后蛋白质就被完全解链为一级结构，而SDS可以与解链一级结构的蛋白质分子充分结合，形成一种SDS-蛋白复合物，这种SDS-蛋白复合物带有大量的负电荷，远远超过了蛋白质原有的电荷量，这样就消除了蛋白质分子间的电荷差异。因此，各种SDS-蛋白复合物在电泳时产生的电泳迁移率的差异，不再受其原有电荷的影响，仅仅取决于蛋白质的分子量。

聚丙烯酰胺凝胶电泳根据其有无浓缩效应分为连续凝胶电泳和不连续凝胶电泳两大类，连续凝胶电泳系统中缓冲液pH及凝胶浓度相同，带电颗粒在电场作用下，主要靠电荷和分子筛效应。不连续系统中由于缓冲液离子成分、pH、凝胶浓度及电位梯度的不连续性，带电颗粒在电场中泳动不仅具有电荷效应、分子筛效应，还具有浓缩效应，因而其分离条带清晰度及分辨率均较前者佳。

SDS-PAGE采用非连续凝胶系统和非连续的缓冲系统，SDS-PAGE由上下两层凝胶组成，上层为浓缩胶，下层为分离胶。浓缩胶浓度低，孔径较大，缓冲液pH=6.8；而分离胶浓度较高、孔径小，缓冲液pH=8.8。电泳槽内充以Tris-甘氨酸电泳缓冲液（pH=8.3），这样便形成了SDS-PAGE电泳凝胶孔径和缓冲液pH的双重不连续。

在浓缩胶pH=6.8环境下，盐酸几乎全部解离为Cl^-，泳动速率高，但只有极少部分甘氨酸解离为$H_2NCH_2COO^-$，泳动速率低。由于蛋白质的等电点一般在pH=5左右，故在此条件下其解离度恰好处于HCl和甘氨酸之间。当电泳启动后，3种离子同向阳极移动，其有效泳动速率依次为Cl^->蛋白质>甘氨酸。电泳开始后，Cl^-在前，在它后面形成离子浓度低的区域即低电导区，电导与电压梯度成反比，所以低电导区就有了较高的电压梯度，这种高电压梯度使蛋白质和$H_2NCH_2COO^-$在Cl^-后面加速移动。在Cl^-和$H_2NCH_2COO^-$的移动速度相等的稳定状态建立后，则在Cl^-和$H_2NCH_2COO^-$之间造成一个不断向阳极移动的界面。由于蛋白质的有效泳动率恰好介于Cl^-、$H_2NCH_2COO^-$之间，因此蛋白质离子就聚集在Cl^-和$H_2NCH_2COO^-$之间被浓缩成一条狭窄带，这种浓缩效应可使蛋白质浓缩数百倍。

当蛋白质进入分离胶时，由于分离胶pH=8.8，呈碱性，甘氨酸大量解离，泳动速率增加，紧随Cl^-之后，浓缩效应消失，同时由于分离胶孔径缩小，具有分子筛效应，对不同分子量的蛋白质来说，通过时受到的阻滞程度不同。小分子蛋白质受到的阻力小，容易通过凝胶孔径，迁移速度快；大分子蛋白质则受到较大的阻力而滞后，这样蛋白质在电泳过程中就会根据其分子大小进行分离。

三、实验材料

1.材料

蛋白质溶液、吸头（200 μL、10 μL）。

2.仪器

垂直电泳槽、电泳仪、玻璃板、移液器等。

3.试剂

蛋白上样缓冲液、SDS、丙烯酰胺、甲叉双丙烯酰胺、过硫酸铵（AP）、四甲基乙二胺（TEMED）、甘氨酸等。

（1）30%丙烯酰胺储存液（Acr与Bis质量比为29∶1）：称取丙烯酰胺29 g、甲叉双丙烯酰胺1 g，加温水溶解至100 mL，待溶解后滤纸过滤，储于棕色瓶，4 ℃避光保存。

（2）10% SDS：10 g SDS溶解于100 mL去离子水中，加热溶解后，室温保存备用。

（3）1.5 mol/L Tris-HCl溶液（pH= 8.8）：181.7 g Tris-base溶解于800 mL去离子水中，加浓盐酸调pH至8.8，定容至1 L，室温保存。

（4）1.0 mol/L Tris-HCl溶液（pH=6.8）：121.1 g Tris-base溶解于800 mL去离子水中，加浓盐酸调pH至6.8，定容至1 L，室温保存。

（5）10% AP溶液：称取0.1 g过硫酸铵，溶解于1 mL去离子水中，现配现用。

（6）5×蛋白上样缓冲液：含有0.313 mol/L Tris-HCl（pH=6.8）、10% SDS、0.05%溴酚蓝、50%甘油。使用时，每10 μL 5×蛋白上样缓冲液再加入2 μL 2 mol/L DTT。

（7）10×Tris-甘氨酸电泳缓冲液：含有250 mmol/L Tris-base、1.9 mol/L甘氨酸、1% SDS的水溶液。称量Tris-base 30.3 g、甘氨酸188 g、SDS 10 g，加入约800 mL去离子水，搅拌溶解，并将溶液定容至1 L后，室温保存。

(8)考马斯亮蓝染色液:将0.25 g考马斯亮蓝R-250溶解于90 mL甲醇溶液(甲醇:水的体积比为1:1)和10 mL冰乙酸中,用滤纸过滤去除不溶性的颗粒,室温保存。

(9)脱色液:30 mL甲醇、60 mL去离子水和10 mL冰醋酸混匀即可。

四、实验方法

1.制胶

(1)清洗并安装制胶装置。

用洗涤剂将制胶玻璃板、样品梳清洗干净,用去离子水冲洗数次,晾干。将洗净晾干的长玻璃板和短玻璃板底部对齐后垂直放入制胶板支架上的海绵垫上,玻璃板上端用夹子卡紧固定。

(2)分离胶的制备。

根据目的蛋白分子量大小选择合适的分离胶浓度,按表6-14配方制备分离胶。配制完成后,将混匀的分离胶灌入胶板中,分离胶液面距上边缘约1.5 cm(距梳子底边约1 cm),趁未凝时覆盖一层去离子水封住胶面,以加速聚合,确保凝胶均匀及凝胶上表面平直。

注意事项:

①由于TEMED可催化过硫酸铵产生自由基,从而加速丙烯酰胺凝胶的聚合,因此TEMED应当在灌胶前再加入。

②避免由于剧烈摇晃产生大量泡沫。

③溶液混匀时间不易过长,否则在未灌胶前胶已凝固在管中。

④凝胶聚合好的标志是胶与水层之间形成清晰的界面。

表6-14 不同浓度SDS-PAGE分离胶的配制(5 mL)

成分	6%	8%	10%	12%	15%
去离子水/mL	2.6	2.3	1.9	1.6	1.1
30%丙烯酰胺储存液/mL	1.0	1.3	1.7	2.0	2.5
1.5 mol/L Tris-HCl(pH=8.8)/mL	1.3	1.3	1.3	1.3	1.3
10% SDS/μL	50	50	50	50	50
10% 过硫酸铵/μL	50	50	50	50	50
TEMED/μL	4	3	2	2	2

(3)浓缩胶的制备。

按表6-15配方配制合适体积的浓缩胶。待分离胶充分凝固后(约30 min),慢慢倾倒出去离子水，并用吸水纸吸干，再向其中加入浓缩胶，迅速插上梳子，然后放置于室温使其凝固。

注意：样品梳需一次平稳插入，梳口处不得有气泡，梳底需水平。

表6-15　不同体积SDS-PAGE浓缩胶的配制(5%)

试剂	2 mL	3 mL	4 mL	6 mL	8 mL	10 mL
去离子水/mL	1.4	2.1	2.7	4.1	5.5	6.8
30% Acr-Bis(29∶1)/mL	0.33	0.5	0.67	1.0	1.3	1.7
1 mol/L Tris(pH=6.8)/mL	0.25	0.38	0.5	0.75	1.0	1.25
10% SDS/μL	20	30	40	60	80	100
10% 过硫酸铵/μL	20	30	40	60	80	100
TEMED/μL	2	3	4	6	8	10

2.样品处理

取适量蛋白样品与5×蛋白上样缓冲液按照4∶1体积比混合后，于沸水或100 ℃金属浴中加热5~10 min使蛋白质变性，然后立即置于冰上冷却。

3.上样

待浓缩胶凝固后，小心拔出样品梳，将玻璃板放入垂直电泳槽内，凹形玻璃板向内侧，然后将胶板固定于电泳缓冲装置中，加入1×Tris-甘氨酸电泳缓冲液，上槽缓冲液液面要高过点样孔，下槽要没过电极。排出加样孔中的气泡，根据蛋白样品浓度计算每个样品的上样体积，总蛋白的上样量为20~50 μg。用移液器把已变性的蛋白质加入点样孔中，同时，在凝胶孔中加入蛋白预染Marker，以判断目的蛋白的分子量。

4.电泳

上样结束后接通电源，调节电压至80 V进行电泳，待样品进入分离胶后改用120 V继续电泳，当溴酚蓝接近或刚出凝胶底部时停止电泳，或者根据目的蛋白分离情况调整电泳时间。

5.染色

卸下胶板，将玻璃板小心撬开，取出凝胶将其浸泡在至少5倍体积的考马斯亮蓝染色液中，置于低速摇床上室温染色至少4 h。

6.脱色

弃去染色液，用去离子水洗去凝胶上的染色液，将凝胶浸泡于不含染料的脱色液中，置于低速摇床上脱色4~8 h，期间更换脱色液3~4次至本底无色为止，使用凝胶成像系统观察或拍照。

五、实验结果分析

（1）原始数据统计。

表6-16　SDS-PAGE结果统计

统计项目	蛋白Marker	样品1	样品2	样品3	样品4	样品5	样品6
蛋白条带数							
蛋白条带形状							
染色效果							
背景颜色							

（2）分析SDS-PAGE染色结果，总结实验成功或失败的原因。

六、思考题

（1）在SDS-PAGE中，分离胶加完后，加水的目的是什么？还可以用哪些试剂代替？

（2）在SDS-PAGE中分离胶和浓缩胶中TEMED和过硫酸铵有何作用？在制备分离胶和浓缩胶时有哪些注意事项？

（3）解释浓缩效应和分子筛效应。

（4）SDS-PAGE中蛋白条带分别出现“微笑”和“皱眉”形带、拖尾及纹理现象的原因是什么？应如何解决？

七、实验拓展

SDS-PAGE银染法

银染实验中，银离子在碱性条件下被还原成金属银，并沉淀在蛋白质的表面上显色。蛋白电泳后的SDS-聚丙烯酰胺凝胶在甲醇溶液中浸泡后，水洗后用硝酸银溶液银染，再水洗后用碳酸钠甲醇水溶液显色。与考马斯亮蓝染色相比，银染具有灵敏度高的优点，目前被广泛应用。

1.银染需要的试剂

（1）30%乙醇：无水乙醇30 mL与70 mL去离子水混合。

（2）固定液：乙醇30 mL、冰醋酸12 mL、37%甲醛50 μL，加去离子水定容至100 mL。

（3）硝酸银染色液：硝酸银20 mg、37%甲醛75 μL，加去离子水定容至100 mL。

（4）银染显影液：碳酸钠6 g、硫代硫酸钠0.4 mg、37%甲醛75 μL，加去离子水定容至100 mL，现配现用。

（5）银染敏化溶液：硫代硫酸钠20 mg溶于100 mL去离子水中，现配现用。

（6）银染淬灭溶液：99 mL去离子水中加入1 mL乙酸，室温保存。

（7）Farmer's试剂：亚铁氰化钾0.49 g、硫代硫酸钠0.79 g溶于100 mL去离子水中，现配现用。

2.染色步骤

（1）将凝胶浸泡在至少5倍凝胶体积的固定液中，在低速摇床上室温摇动至少2 h或过夜，使蛋白固定。

（2）弃去固定液，加入至少5倍体积的30%乙醇，在低速摇床上室温摇动20 min；重复一次，以去除所有的去污剂、盐和乙酸。

（3）弃去乙醇，加入银染敏化剂以增加染色对比度和灵敏度，孵育2 min，不要过久。

（4）弃去银染敏化剂，用去离子水洗3次，每次至少30 s。

（5）弃去水，加入5倍凝胶体积的硝酸银染色液，在低速摇床上室温摇动20 min。

（6）弃去硝酸银染色液，用去离子水洗3次，每次15 s。

（7）弃去水，加入5倍凝胶体积的新鲜显影液，室温下平缓摇动，数分钟内出现蛋白质的染色条带，继续至条带清晰。

（8）用银染淬灭溶液1%乙酸淬灭反应几分钟，再用去离子水漂洗数次，每次10 min。

（9）将凝胶浸没于Farmer's试剂中，置于平板摇床上室温孵育5~10 min。

（10）弃去Farmer's试剂，用去离子水洗胶数次，每次10 min，直至黄色完全消失。此时凝胶已可用于再次银染。

（11）将染色凝胶进行投射扫描或拍照进行保存。

参考文献

1.屈伸，刘志国.分子生物学实验技术[M].北京：化学工业出版社，2008.

2.武会娟，伦永志.临床科研常用分子生物学技术[M].北京：北京科学技术出版社，2015.

3.J 萨姆布鲁克，D W 拉塞尔著，黄培堂等译.分子克隆实验指南（第3版）[M].北京：科学出版社，2016.

4.陈勉华.SDS-PAGE中使用考马斯亮蓝R-250染脱色改良方案的综述[J].轻工科技，2016，3:110-111，113.

实验28

蛋白免疫印迹技术

蛋白免疫印迹法(免疫印迹实验)即Western Blotting,是在蛋白质电泳分离和抗原抗体检测的基础上发展起来的一项检测蛋白质的技术,它结合了SDS-聚丙烯酰胺凝胶电泳的高分辨率与抗原抗体反应的特异性,是分子生物学、生物化学和免疫遗传学中常用的一种实验方法。蛋白免疫印迹克服了聚丙烯酰胺凝胶电泳后直接在凝胶上进行免疫学分析的弊端,极大地提高了其分辨率和灵敏度,广泛地应用于检测特定基因表达产物的正确性或者表达产物的相对变化量比较。

一、实验目的

(1)掌握Western Blotting法鉴定目标蛋白的原理。

(2)熟悉Western Blotting的方法,并了解抗原抗体结合反应的影响因素。

二、实验原理

蛋白免疫印迹的基本原理是通过特异性抗体对凝胶电泳处理过的细胞或生物组织样品进行着色。首先通过电泳将蛋白组分分开,然后将电泳后凝胶上的蛋白质转移至载体膜上,用封闭试剂封闭载体膜上未吸附蛋白质的区域,最后通过分析着色的位置和着色深度获得特定蛋白质在所分析的细胞或组织中表达情况的信息。

印迹时首先用蛋白溶液(如脱脂奶粉或10%的BSA)处理以封闭固定相载体(硝酸纤维素膜或PVDF膜)上剩余的疏水结合位点,而后用所要研究的蛋白质的抗体(一抗)处理,印迹中只有待研究的蛋白质与一抗特异性结合形成抗原抗体复合物,而其他蛋白质不与一抗结合,这样清洗去除未结合的一抗后,印迹中只有待研究的蛋白质的位置上结合着一抗。处理过的印迹进一步用适当标记的二抗处理后,带有标记的二抗与一抗结合,可以指示一抗的位置,即待研究的蛋白质的位置。

蛋白免疫印迹需要将电泳后的蛋白质从凝胶中转移到固相载体上,即转膜过程。转膜的原理是利用结合SDS的蛋白抗原带负电荷,在电场作用中向正极迁移,并最终结合在固相支持物上。现在多采用电泳印迹法进行转膜,因其具有转移时间短、转移效率高等优点。电泳印迹转膜方法有垂直槽湿转和半干转印两种。半干转印与湿转的原理相同,是将膜紧贴凝胶放在吸有转印缓冲液的滤纸之间,通过滤纸上吸附的缓冲液传导电流,起到转移的效果。因为电流直接作用在膜胶上,所以其转移条件要求较高。

湿转是一种比较传统的方法,一般使用4 ℃预冷的转膜缓冲液,并且在4 ℃条件下进行。湿转电流一般选择200~400 mA,时间为30~90 min,也可以15~20 mA 转膜过夜,具体的转膜参数要根据目的蛋白的大小而定。湿转通常所需的时间较长且所需的缓冲液的量很大,调整参数较多,适用于高分子量或者低丰度蛋白。半干转印用浸透缓冲液的多层滤纸代替缓冲液槽,因为电极板直接与滤纸接触,使凝胶中电场强度尽可能大以快速高效转移,可以使用不连续的缓冲系统(阴极和阳极使用不同的缓冲液),所用缓冲液少,转膜时间短,不需冷却设备。但是,目前有的半干转膜仪要求滤纸和膜切成与凝胶相同大小,否则,在凝胶边缘处滤纸重叠将导致电流短路,半干转膜法对于分子量不高的蛋白质效果好,被很多实验室采用。

在免疫组化(IHC)、免疫细胞化学(ICC)和蛋白印迹(WB)等生化实验中,ECL和DAB都是非常常用的显色方法。ECL(增强化学发光)一般含有鲁米诺和H_2O_2、发光增强剂等物质。发光试剂中的鲁米诺被辣根过氧化物酶(HRP)和H_2O_2氧化,产生荧光,这个过程被发光增强剂加强。DAB(二氨基联苯胺,3,3’-diaminobenzidine)是过氧化物酶的显色底物,在过氧化氢的存在下失去电子而呈现出颜色变化和积累,形成棕褐色不溶性产物,并就地原位沉淀。ECL和DAB都是HRP的底物,而且二者的颜色显示不同,DAB的显色是棕褐色,ECL显荧光。在灵敏度方面,ECL化学发光的灵敏度高,为1~5 pg,也有达到fg级的;DAB的灵敏度较低,大约为500 pg。在实验中进行选择时,可根据不同的酶以及灵敏度等进行选择。

三、实验材料

1.材料

待分析蛋白质样品、加厚滤纸、无粉乳胶手套、海绵、杂交袋、PVDF膜。

2.仪器

垂直板电泳槽、电泳仪、湿转膜系统、半干转膜仪、冰箱、成像系统、水平摇床、水浴锅。

3.试剂

预染标准分子量蛋白Marker、一抗、二抗、SDS-PAGE缓冲液、DAB染色液、十二烷基硫酸钠(SDS)、甘氨酸(Gly)、三羟甲基氨基甲烷(Tris-base)、丙烯酰胺、甲叉双丙烯酰胺、过硫酸铵(AP)、四甲基乙二胺(TEMED)、甲醇、氯化钠、Tween-20、脱脂奶粉、丽春红。

(1)30%聚丙烯酰胺:称取72.5 g丙烯酰胺和2.5 g甲叉双丙烯酰胺溶解于200 mL去离子水中,加热溶解,冷却至室温后,定容至250 mL,用0.45 μm滤膜过滤后于棕色瓶中室温保存备用。

(2)10% SDS:称取20 g SDS加入150 mL去离子水中,加热搅拌后,定容至200 mL。

(3)10% AP:0.1 g过硫酸铵(AP)溶解于1 mL去离子水中,4 ℃保存一周。

(4)1.5 mol/L Tris-HCl(pH=8.8):称取181.7 g Tris-base溶解于800 mL去离子水中,加浓盐酸调pH至8.8,定容至1 L,室温保存。

(5)1.0 mol/L Tris-HCl(pH=6.8):称取121.1 g Tris-base溶解于800 mL去离子水中,加浓盐酸调pH至6.8,定容至1 L,室温保存。

(6)5×蛋白上样缓冲液:含有1 mol/L Tris-HCl(pH=6.8)2.5 mL、SDS 0.8 g、溴酚蓝10 mg、80%甘油5 mL、去离子水2.5 mL,室温保存。使用时,每1 mL 5×蛋白上样缓冲液再加入0.1 mL 1 mol/L DTT。

(7)10×Tris-甘氨酸电泳缓冲液:含有250 mmol/L Tris-base、1.9 mol/L甘氨酸、1% SDS。称量Tris 30.3 g、甘氨酸144 g、SDS 10 g,加入约800 mL去离子水,搅拌溶解,调节pH至8.3,定容至1 L,室温保存。

(8)10×转膜缓冲液:半干转膜缓冲液含Tris-base 240 mmol/L、甘氨酸1.92 mol/L。称30.3 g Tris-base、144.1 g甘氨酸,用去离子水定容至1 L,调pH至8.3,用时稀释10倍,并加入甲醇使其浓度为20%。10×湿转转膜液含Tris-base 480 mmol/L、甘氨酸390 mmol/L、SDS 0.375%。称取Tris 5.8 g、甘氨酸2.9 g、SDS 0.375 g,加去离子水定容至1 L。用时稀释10倍,并加入甲醇使其浓度为20%。

(9)10×TBS:称取24.23 g Tris-base、80.06 g氯化钠,加800 mL去离子水,搅拌溶解,调节pH至7.6,定容至1 L。

(10)1×TBST:100 mL 10×TBS、900 mL去离子水、1 mL Tween 20混合均匀后使用。

(11)5%封闭液:称取5 g脱脂奶粉加入100 mL TBST后搅拌至溶解,现用现配。

(12)丽春红S染色液:100 μL乙酸加入0.04 g丽春红,用水稀释至10 mL,4 ℃保存。

四、实验方法

按常规操作对处理好的蛋白质样品进行SDS-PAGE电泳，再将蛋白质转印到PVDF膜上，用脱脂奶封闭后用一抗、二抗进行孵育，最后用辣根过氧化物酶法(HRP)进行底物显色。具体操作步骤如下。

(一)SDS-PAGE电泳

根据实验27 SDS-聚丙烯酰胺凝胶电泳的操作步骤进行。

1.清洗并安装制胶模具

用洗涤剂将制胶玻璃板、样品梳清洗干净，用去离子水冲洗数次，晾干。将洗净晾干的长玻璃板和短玻璃板底部对齐后垂直放入制胶板支架上的海绵垫上，玻璃板上端用夹子卡紧固定。

2.配制分离胶

根据待测目的蛋白分子量配制适宜浓度的分离胶。按配方加入各组分混匀，立即灌入胶板中。胶液液面距短玻璃板上边缘约1.5 cm，然后加一层去离子水封住胶面。

3.配制浓缩胶

分离胶聚合后，轻轻倒出去离子水并用滤纸把剩余的水吸干。配制5%浓缩胶，立即灌注到分离胶上，迅速插入样品梳，室温静置使其凝固。

4.上样与电泳

向电泳槽中加入适量电泳缓冲液，安装好电泳模具，取适量的蛋白预染Marker和变性的蛋白质加到样品孔中，点样结束后接通电源，调节电压至80 V进行电泳，染料进入分离胶后，电压提高到120 V继续电泳，当溴酚蓝到达分离胶底部时关闭电源。

(二)转膜

1.湿转转膜方法

(1)电泳结束后从胶板上取下凝胶，去除浓缩胶并在分离胶的右上角切去一小块作为标记。将滤纸、PVDF膜剪成和凝胶同样大小，备用。

(2)PVDF膜用无水甲醇浸泡10~15 s活化(目的是为了活化PVDF膜上面的正电基团，使它更容易跟带负电的蛋白质结合，浸泡时间一般不超过1 min，膜由均匀的不透明变成半透明)，然后立即置于转膜缓冲液中浸泡10 min；滤纸与海绵垫在转膜缓冲液中浸泡5 min；凝胶在转膜缓冲液中平衡5~10 min。

(3)在一个足够大的平皿中放置塑料转印盒，转印盒的红色代表正极，黑色代表负极，在转印盒黑色底部铺上润湿的海绵垫片，再放上一张用转移缓冲液润湿的滤纸，加入少量转移缓冲液，再铺上凝胶，用玻璃棒或移液管轻轻在凝胶表面卷动以赶走凝胶和滤纸之间的气泡。接着将准备好的PVDF膜覆盖在凝胶上，保证PVDF膜和凝胶充分接触，然后用玻璃棒或移液管赶走凝胶和膜之间的气泡。将另一张湿润的滤纸从一侧覆盖在PVDF膜上，再在滤纸上放上另一张海绵垫片，关上转移盒。形成的"三明治"结构见图6-28，凝胶位于电极的负极，膜放于电极的正极，二者外围均覆有滤纸和海绵。

注意：确保转移夹层均合适贴紧，以使凝胶和膜之间接触良好。在铺凝胶和膜的时候一定要注意不能有气泡，尽量用玻璃棒除掉所有气泡。

(4)将安装好的转移盒放入转移槽中，凝胶面朝向阴极，膜朝阳极。SDS-PAGE凝胶中的蛋白质带负电荷，在电场作用下向阳极移动。在转印槽中装满1×转膜缓冲液，使缓冲液完全覆盖电极板，不要接触电源接头。电泳槽四周放置冰块预冷，整个过程在低温条件下进行。接通电源，在恒定电流(100 mA)下转移1 h。具体时间根据胶的厚度和蛋白质分子量大小进行调整。转膜结束后，关闭电源，去掉连线，打开转移夹层，取出膜和凝胶。

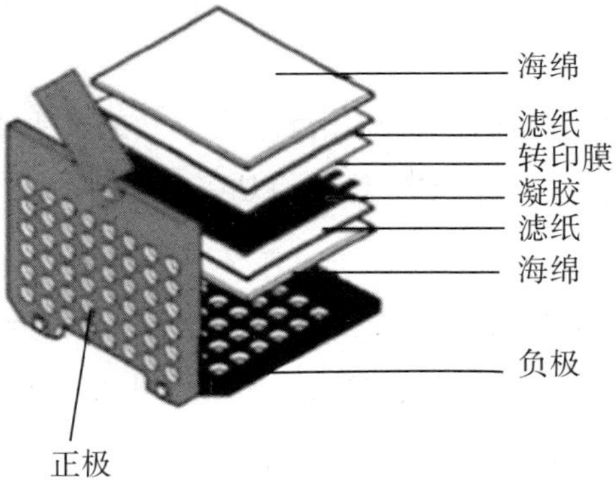

图6-28　湿转转膜"三明治"结构

2.半干转转膜方法

(1)裁剪和分离胶同样大小的PVDF膜，标记好方向，在100%甲醇中浸泡15 s(目的是为了活化PVDF膜上面的正电基团，使它更容易跟带负电的蛋白质结合，浸泡时间一般不超过1 min，膜由均匀的不透明变成半透明)，然后在1×转膜缓冲液中平衡至少5 min。

(2)取出凝胶浸泡于预冷的电转缓冲液中(应注意分清上下，可以在右上角裁一个小角)，同时把同样大小的转印滤纸也浸泡在缓冲液中。

(3)在电转仪上铺湿润的三层滤纸，再将PVDF膜铺在滤纸上，注意膜和滤纸间不要有气泡，再倒一些转移缓冲液到膜上；小心地将凝胶覆盖在胶上，并做上记号；再在凝胶上铺上滤纸，注意此过程中要保证所有的夹层都是湿润的，半干转膜"三明治"夹层顺序从下至上依次是滤纸、PVDF膜、分离胶、滤纸(凝胶对应负极,膜对应正极),示意图如图6-29。用移液管或玻璃棒滚动去除气泡(注意每叠一层就要去除气泡)。

(4)“三明治”夹层制作好后,盖上电转槽盖,一般20 V转膜20~40 min。具体时间根据蛋白质分子量大小进行调整。

(-)负极

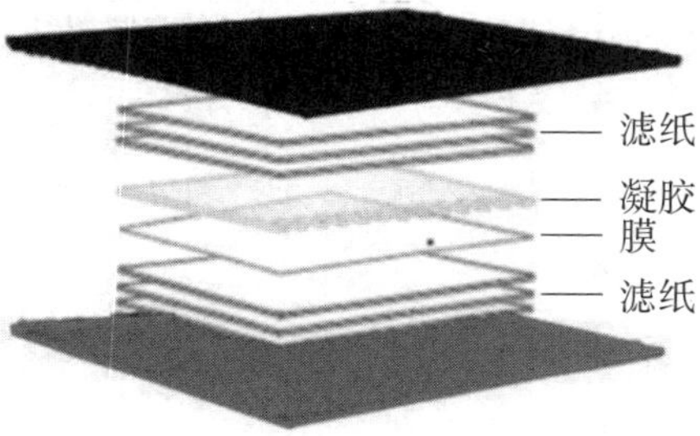

(+)正极

图6-29　半干转膜的三明治夹层示意图

(三)染色

为了便于观察电泳效果和转膜效果以及判断蛋白质分子量大小,最好使用丽春红染液进行预染。转膜结束后取出PVDF膜,用去离子水略微漂洗。在水平摇床上,用0.4%丽春红染液将膜染色5 min,弃去染色液,然后用去离子水略微洗膜约1 min,直到背景脱色且蛋白质条带清晰可见,观察蛋白质转膜效率。观察结束后先用去离子水,再用TBST洗去膜上的丽春红染料。

注意:实际上更常用且简便的方法是先将膜晾干,然后浸入20%甲醇,待完全浸湿后取出透光观察即可看到蛋白质条带(此方法仅适合PVDF膜)。将膜晾干备用。

(四)封闭

取出的PVDF膜立即放入TBST缓冲液中漂洗1~2 min,然后放置于含有5%脱脂奶粉的平皿中,脱脂奶粉的用量以盖过PVDF膜为宜,于摇床上振荡室温封闭至少1 h或4 ℃过夜。

(五)一抗孵育

封闭结束后将PVDF膜从封闭液中取出,用TBST漂洗一次,洗完后沥干。用5%脱脂奶按1∶3000比例稀释一抗后加入杂交袋中,将PVDF膜正面朝上放入杂交袋中4 ℃孵育过夜。

注意:

(1)一抗的稀释比例通常需要预实验摸索条件,可以根据抗体说明书上建议的Western Blotting稀释比例做2~3个梯度,如果是用化学发光法检测,由于其灵敏度高,因此建议将稀释比例再降低2~5倍，甚至10倍。

（2）若加入3 mmol/L（0.02%）叠氮钠并储存于4 ℃，一抗稀释液可重复使用数次。如果不存在高背景的问题，某些抗体用含低浓度（0.5%）脱脂奶粉或BSA的封闭液来稀释，可产生相对更强的信号条带。

（3）一抗的孵育时间可从几小时至过夜不等（一般不超过18 h），这取决于抗体与蛋白质的亲和性和蛋白的丰度，建议使用较高的抗体稀释倍数和较长的孵育时间来保证特异性结合。

（4）尽可能低温孵育，如果在封闭液中孵育一抗过夜，应在4 ℃进行，否则会产生污染而破坏蛋白（特别是磷酸基团）。

（六）洗膜

将PVDF膜从杂交袋中取出，放在平皿中，用1×TBST将膜漂洗6次，每次5 min。

（七）二抗孵育

用TBST稀释HRP标记的二抗（按照生产厂商建议的稀释比例，如1:5000），并在新的杂交袋中加入膜和稀释好的二抗（每次使用新稀释的二抗），然后在摇床上室温孵育1 h。孵育结束后取出PVDF膜，在平皿中用TBST轻轻漂洗PVDF膜6次，每次5 min。

注意：

（1）二抗按照常规的倍数稀释（1∶1 000~1∶20 000）预试，二抗的浓度过高会导致非特异性条带。

（2）延长洗膜时间及增加缓冲液更换次数可以减少背景，特别是在使用ECL等灵敏的检测方法时。

（3）不能向HRP偶联的二抗中加入叠氮钠，因为后者会灭活HRP。

（八）显色

DAB显色：用辣根过氧化物酶法（HRP）进行底物显色，显色液现配现用。将20×DAB-A和1×DAB-B液以1∶19的体积比混合均匀后滴加在PVDF膜上，显色时间为1~5 min，显色完毕后将膜浸入去离子水中终止反应。显色时间不宜过长，否则会造成PVDF膜背景太深。

ECL显色：在即将使用前，按照生产厂商的说明，将ECL试剂盒中一定量的A液和B液混匀，配成新鲜的ECL工作液。沥干膜，用移液器吸取ECL工作液滴加在膜上，确保工作液覆盖整张膜，避免产生气泡。将膜与ECL工作液孵育1~5 min，孵育过程中防止不必要的曝光，用滤纸吸掉四周多余的工作液。

（九）成像系统拍照及图象分析

将膜放入发光成像仪内，分别对检测的目的蛋白和内参蛋白进行曝光照相并保存图片，图6-30为DAB显色的结果，图中出现相应棕褐色条带，说明重组蛋白为牛MyoD重组蛋白。

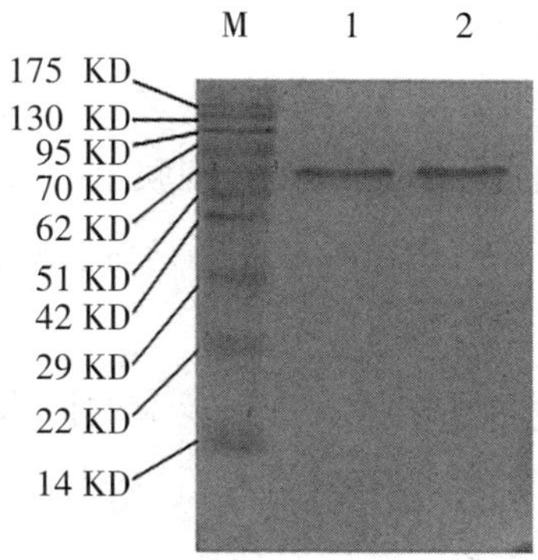

图6-30　重组蛋白PET32a(+)-MyoD的Western Blotting鉴定

注：M为蛋白Marker，1、2为蛋白样品Western Blotting鉴定的条带

用图像分析软件分析目的蛋白和内参蛋白的灰度值。首先用目的蛋白的灰度值除以内参蛋白的灰度值得到样品中目的蛋白的相对含量，然后将实验组样品中目的蛋白的相对含量除以对照组样品中目的蛋白的相对含量，即得到实验组样品相对于对照组样品目的蛋白表达量的差异。

五、实验结果分析

（1）原始数据统计。

表6-17　结果统计

样 品	条带1	条带2	条带3	条带4	条带5	条带6
预染蛋白Marker						
待测蛋白迁移距离						

（2）分析Western Blotting结果图。

六、思考题

（1）转膜完毕，经染色后发现蛋白条带不是很清晰，请问是什么原因？

（2）转膜后可以看到Marker条带，可是在免疫反应后却没有阳性条带，请问是什么原因？

(3)实验最后得到的结果背景很高,请问怎样改善实验操作,才能降低背景颜色?

(4)Western Blotting为什么必须使用内参,常用的内参有哪些?

七、实验拓展

1.Western Blotting抗体的选择

(1)一抗的选择。

Western Blotting 主要是通过一抗特异性识别膜上的目的蛋白或抗原决定簇,一抗选择的主要依据在于待检抗原,需要注意的是并不是所有的一抗都适用于Western Blotting检测。

①样本的物种。应选择物种相同或有交叉反应的抗体,抗体可能与不同物种的同种靶蛋白有交叉反应,因其氨基酸序列同源性较高。如果样本的种类未列入抗体说明书上的交叉反应种属表中,并不意味着该抗体不适用于检测该物种的蛋白,而可能是该物种尚未用此抗体检测验证过,应通过序列比对的方法来预测交叉反应,可应用NCBI BLAST来进行不同物种蛋白质同源性比对。

②一抗宿主物种的选择。一般说来,在使用偶联二抗结合无偶联物的一抗时,一抗宿主动物的物种选择较为重要,对于免疫组化而言,尽可能选择与样本不同种系物种的一抗,从而避免二抗与样本内源性免疫球蛋白产生交叉反应,例如:检测小鼠样本蛋白质,则不应选择小鼠或大鼠源的一抗,最好选兔源的一抗。

(2)二抗的选择。

①二抗选择的原则。一是效价高,高效价的二抗对Western Blotting的结果有重要影响,效价高的二抗在使用时由于稀释倍数高,自然非特异性吸附就低得多,背景也就低了。二抗效价高,同时HRP标记的效率也要高。二是纯度高,抗体的纯度一定要高,高纯度的抗体产生的非特异性背景较少。

②二抗的种属来源。二抗应选用与使用的一抗相同的物种来源。例如,如果一抗是小鼠源的单克隆抗体,二抗则选抗小鼠的二抗,山羊抗小鼠或者兔抗小鼠等均可;如果一抗是从兔血清里制备的兔源多克隆抗体,则相应的二抗需要选择抗兔的二抗。即根据一抗的物种来源选择相应的抗该物种的二抗。一抗多选择单抗,特异性好;二抗多选择多抗,价格便宜。一般来说,不同的种属来源与二抗的质量没有必然的联系,来源于山羊的二抗与来源于驴的二抗在一般的实验里没有太多的差别。然而在一些特殊的实验里,如双标实验,如果其中一个一抗是山羊来源的,一个是小鼠来源的,则相应的二抗分别要抗山羊和抗小鼠的二抗,这时候二抗就不能选择山羊或者小鼠来源的。

③二抗标记。在Western检测过程中，不是通过直接的方法检测一抗对于靶蛋白的识别，标记的二抗才是检测的直接对象，二抗的作用是放大信号。一般来讲，耦联到二抗上的探针主要有酶（辣根过氧化物酶HRP和碱性磷酸酶AP或其衍生物APAAP，PAP）、荧光基团（FITC、Rhodamine、Texas Red、PE、Dylight等）、生物素（Biotin）、金颗粒。选用哪种探针的二抗主要取决于具体的实验。对于Western Blotting和ELISA最常用的二抗是酶标二抗，而细胞或组织标记实验（细胞免疫化学、组织免疫化学、流式细胞术）中通常使用荧光基团标记的二抗，免疫组化中也可以使用辣根过氧化酶或碱性磷酸酶标记的二抗。如果想要更大程度地放大检测信号，可以使用Biotin/Avidin检测系统。在一些荧光检测方案中，则需要选择不同的荧光标记，比如金颗粒标记的二抗则更多地应用于免疫电镜中。目前商品化的二抗种类很多，标记种类也有多种供选用。

2.转移膜种类的选择

免疫印迹常用的转移膜主要是硝酸纤维素膜（Nitrocellulose Blotting Membranes，NC膜）和聚偏二氟乙烯膜（Polyvinylidene-Fluoride，PVDF膜），此外也有用尼龙膜、DEAE纤维素膜做蛋白免疫印迹。膜的选择需要考虑以下方面：①膜与目的蛋白分子的结合能力（也就是单位面积的膜能结合蛋白的载量）以及膜的孔径（也就是拦截蛋白的大小）；②不影响后续的显色检测（也就是适合用于所选的显色方法，信噪比好）；③如果后继实验有其他要求，比如要做蛋白质测序或者质谱分析，还要根据不同目的来挑选不同的转移膜。

（1）硝酸纤维素膜（NC膜）。

硝酸纤维素膜是蛋白印迹最广泛使用的转移介质，其对蛋白的结合能力强，适用于各种显色方法，包括同位素、化学发光（Luminol类）、常规显色、染色和荧光显色。其优点是：背景低，信噪比高，使用也很简便，不需要甲醛预处理，只需在去离子水中浸润排出膜内气泡，再在电泳缓冲液中平衡，而且容易封闭，也不需要特别严谨的清洗条件。转移到NC膜上的蛋白质在合适的条件下可以稳定保存很长时间，但是纯的NC膜比较脆，容易卷，不适合用于需要多次重复清洗的用途。选择NC膜时要注意的是选择合适的孔径，通常20 kD以上的大分子蛋白质用0.45 μm孔径的膜，小于20 kD的小分子蛋白质建议选择0.2 μm，如果小于7 kD的话最好选择0.1 μm的膜。另外由于NC膜上结合的蛋白会因为一些去污剂而被代替，因此在封闭时最好使用较温和的Tween 20，而且浓度不要超过0.3%。

（2）尼龙膜。

尼龙膜更多是用于核酸的转移，也有见于蛋白印迹。与NC膜相比，优点是结合力强、结实、柔软不易卷曲、机械强度大、便于操作。缺点是背景高，而且当转移缓冲液中存在SDS时蛋白质容易从尼龙膜上泄漏。另外,不能直接染色。因此,在许多情况下Western Blotting实验不选择尼龙膜。

(3)聚偏二氟乙烯膜(PVDF膜)。

与硝酸纤维素膜相比,PVDF膜在蛋白质截留能力、机械强度和化学相容性上都更有优越的性能。市售硝酸纤维素膜的典型结合量是80~100 μg/cm^2,而PVDF膜的结合量是100~200 μg/cm^2(而PVDF膜的结合强度比硝纤膜强6倍)。PVDF膜最大的优点是具有更好的机械强度和化学耐受性。这使PVDF膜在各种染色应用和多重免疫检测中成为理想选择;而且单个凝胶的泳道复本可用于多种目的,如考马斯亮蓝染色后切出条带可以进行N-末端测序、蛋白消化、肽分离、内部测序和免疫检测。特别是做N端蛋白测序能经得起多次清洗。此外,一些强疏水蛋白用PVDF膜效果会更好一些。PVDF膜适用的检测方法包括化学发光、常规显色、同位素和标准染色,但不适合荧光。特别注意的是PVDF膜需要用100%甲醇预处理,再用缓冲液平衡。PVDF膜同样分0.45 μm和0.2 μm孔径,后者孔径小,对小分子蛋白有较好的拦截吸附能力,背景可能会比前者稍高。

参考文献

1. 郑玉才,伍红. 蛋白质分析技术[M]. 北京:中国农业出版社,2013.

2. 李玉花. 蛋白质分析实验技术指南[M]. 北京:高等教育出版社,2011.

3. 屈伸,刘志国. 分子生物学实验技术[M]. 北京:化学工业出版社,2008.

4. J. 萨姆布鲁克, D.W. 拉塞尔著,黄培堂等译. 分子克隆实验指南(第3版)[M]. 北京:科学出版社,2016.

5. 武会娟,伦永志. 临床科研常用分子生物学技术[M]. 北京:北京科学技术出版社,2015.

附 录

附表1 χ^2值表(一尾)

自由度(df)	概率值(P)									
	0.995	0.990	0.975	0.950	0.900	0.100	0.050	0.025	0.010	0.005
1	0.000	0.000	0.001	0.004	0.016	2.706	3.841	5.024	6.635	7.879
2	0.010	0.020	0.051	0.103	0.211	4.605	5.991	7.378	9.210	10.597
3	0.072	0.115	0.216	0.352	0.584	6.251	7.815	9.348	11.345	12.838
4	0.207	0.297	0.484	0.711	1.064	7.779	9.488	11.143	13.277	14.860
5	0.412	0.554	0.831	1.145	1.610	9.236	11.070	12.833	15.086	16.750
6	0.676	0.872	1.237	1.635	2.204	10.645	12.592	14.449	16.812	18.548
7	0.989	1.239	1.690	2.167	2.833	12.017	14.067	16.013	18.475	20.278
8	1.344	1.646	2.180	2.733	3.490	13.362	15.507	17.535	20.090	21.955
9	1.735	2.088	2.700	3.325	4.168	14.684	16.919	19.023	21.666	23.589
10	2.156	2.558	3.247	3.940	4.865	15.987	18.307	20.483	23.209	25.188
11	2.603	3.053	3.816	4.575	5.578	17.275	19.675	21.920	24.725	26.757
12	3.074	3.571	4.404	5.226	6.304	18.549	21.026	23.337	26.217	28.300
13	3.565	4.107	5.009	5.892	7.042	19.812	22.362	24.736	27.688	29.819
14	4.075	4.660	5.629	6.571	7.790	21.064	23.685	26.119	29.141	31.319
15	4.601	5.229	6.262	7.261	8.547	22.307	24.996	27.488	30.578	32.801
16	5.142	5.812	6.908	7.962	9.312	23.542	26.296	28.845	32.000	34.267
17	5.697	6.408	7.564	8.672	10.085	24.769	27.587	30.191	33.409	35.718
18	6.265	7.015	8.231	9.390	10.865	25.989	28.869	31.526	34.805	37.156
19	6.844	7.633	8.907	10.117	11.651	27.204	30.144	32.852	36.191	38.582
20	7.434	8.260	9.591	10.851	12.443	28.412	31.410	34.170	37.566	39.997
21	8.034	8.897	10.283	11.591	13.240	29.615	32.671	35.479	38.932	41.401
22	8.643	9.542	10.982	12.338	14.041	30.813	33.924	36.781	40.289	42.796

（续表）

自由度(*df*)	概率值(*P*)									
	0.995	0.990	0.975	0.950	0.900	0.100	0.050	0.025	0.010	0.005
23	9.260	10.196	11.689	13.091	14.848	32.007	35.172	38.076	41.638	44.181
24	9.886	10.856	12.401	13.848	15.659	33.196	36.415	39.364	42.980	45.559
25	10.520	11.524	13.120	14.611	16.473	34.382	37.652	40.646	44.314	46.928
26	11.160	12.198	13.844	15.379	17.292	35.563	38.885	41.923	45.642	48.290
27	11.808	12.879	14.573	16.151	18.114	36.741	40.113	43.195	46.963	49.645
28	12.461	13.565	15.308	16.928	18.939	37.916	41.337	44.461	48.278	50.993
29	13.121	14.256	16.047	17.708	19.768	39.087	42.557	45.722	49.588	52.336
30	13.787	14.953	16.791	18.493	20.599	40.256	43.773	46.979	50.892	53.672
40	20.707	22.164	24.433	26.509	29.051	51.805	55.758	59.342	63.691	66.766
50	27.991	29.707	32.357	34.764	37.689	63.167	67.505	71.420	76.154	79.490
60	35.534	37.485	40.482	43.188	46.459	74.397	79.082	83.298	88.379	91.952
70	43.275	45.442	48.758	51.739	55.329	85.527	90.531	95.023	100.425	104.215
80	51.172	53.540	57.153	60.391	64.278	96.578	101.879	106.629	112.329	116.321
90	59.196	61.754	65.647	69.126	73.291	107.565	113.145	118.136	124.116	128.299
100	67.328	70.065	74.222	77.929	82.358	118.498	124.342	129.561	135.807	140.169

附表2　学生氏*t*值表(两尾)

自由度(*df*)	概率值(*P*)						
	0.5000	0.2000	0.1000	0.0500	0.0250	0.0100	0.0050
1	1.0000	3.0777	6.3138	12.7062	25.4517	63.6567	127.3213
2	0.8165	1.8856	2.9200	4.3027	6.2053	9.9248	14.0890
3	0.7649	1.6377	2.3534	3.1824	4.1765	5.8409	7.4533
4	0.7407	1.5332	2.1318	2.7764	3.4954	4.6041	5.5976
5	0.7267	1.4759	2.0150	2.5706	3.1634	4.0321	4.7733
6	0.7176	1.4398	1.9432	2.4469	2.9687	3.7074	4.3168
7	0.7111	1.4149	1.8946	2.3646	2.8412	3.4995	4.0293
8	0.7064	1.3968	1.8595	2.3060	2.7515	3.3554	3.8325
9	0.7027	1.3830	1.8331	2.2622	2.6850	3.2498	3.6897
10	0.6998	1.3722	1.8125	2.2281	2.6338	3.1693	3.5814
11	0.6974	1.3634	1.7959	2.2010	2.5931	3.1058	3.4966
12	0.6955	1.3562	1.7823	2.1788	2.5600	3.0545	3.4284
13	0.6938	1.3502	1.7709	2.1604	2.5326	3.0123	3.3725

（续表）

自由度(*df*)	概率值（*P*）						
	0.5000	0.2000	0.1000	0.0500	0.0250	0.0100	0.0050
14	0.6924	1.3450	1.7613	2.1448	2.5096	2.9768	3.3257
15	0.6912	1.3406	1.7531	2.1314	2.4899	2.9467	3.2860
16	0.6901	1.3368	1.7459	2.1199	2.4729	2.9208	3.2520
17	0.6892	1.3334	1.7396	2.1098	2.4581	2.8982	3.2224
18	0.6884	1.3304	1.7341	2.1009	2.4450	2.8784	3.1966
19	0.6876	1.3277	1.7291	2.0930	2.4334	2.8609	3.1737
20	0.6870	1.3253	1.7247	2.0860	2.4231	2.8453	3.1534
21	0.6864	1.3232	1.7207	2.0796	2.4138	2.8314	3.1352
22	0.6858	1.3212	1.7171	2.0739	2.4055	2.8188	3.1188
23	0.6853	1.3195	1.7139	2.0687	2.3979	2.8073	3.1040
24	0.6848	1.3178	1.7109	2.0639	2.3909	2.7969	3.0905
25	0.6844	1.3163	1.7081	2.0595	2.3846	2.7874	3.0782
26	0.6840	1.3150	1.7056	2.0555	2.3788	2.7787	3.0669
27	0.6837	1.3137	1.7033	2.0518	2.3734	2.7707	3.0565
28	0.6834	1.3125	1.7011	2.0484	2.3685	2.7633	3.0469
29	0.6830	1.3114	1.6991	2.0452	2.3638	2.7564	3.0380
30	0.6828	1.3104	1.6973	2.0423	2.3596	2.7500	3.0298
35	0.6816	1.3062	1.6896	2.0301	2.3420	2.7238	2.9960
40	0.6807	1.3031	1.6839	2.0211	2.3289	2.7045	2.9712
45	0.6800	1.3006	1.6794	2.0141	2.3189	2.6896	2.9521
50	0.6794	1.2987	1.6759	2.0086	2.3109	2.6778	2.9370
55	0.6790	1.2971	1.6730	2.0040	2.3044	2.6682	2.9247
60	0.6786	1.2958	1.6706	2.0003	2.2990	2.6603	2.9146
65	0.6783	1.2947	1.6686	1.9971	2.2945	2.6536	2.9060
70	0.6780	1.2938	1.6669	1.9944	2.2906	2.6479	2.8987
80	0.6776	1.2922	1.6641	1.9901	2.2844	2.6387	2.8870
90	0.6772	1.2910	1.6620	1.9867	2.2795	2.6316	2.8779
100	0.6770	1.2901	1.6602	1.9840	2.2757	2.6259	2.8707
110	0.6767	1.2893	1.6588	1.9818	2.2725	2.6213	2.8648
120	0.6765	1.2886	1.6577	1.9799	2.2699	2.6174	2.8599
∞	0.6745	1.2816	1.6448	1.9600	2.2414	2.5758	2.8070